晨好◎著

省去10年的埋头拼搏，让你从穷忙族变身职场达人

乔布斯、李开复、马云……
给年轻人的职场智慧课

让你少奋斗10年的职场智慧

新世界出版社
NEW WORLD PRESS

图书在版编目 (CIP) 数据

让你少奋斗10年的职场智慧/ 晨好著. —北京：新世界出版社，2011.11

ISBN 978-7-5104-2312-3

I. ①让… II. ①晨… III.①成功心理－青年读物 IV. ①B848.4-49

中国版本图书馆CIP数据核字(2011)第216939号

让你少奋斗 10 年的职场智慧

作　　者：晨　好
责任编辑：余守斌　邓东文
责任印制：李一鸣　黄厚清
出版发行：新世界出版社
社　　址：北京西城区百万庄大街24号（100037）
发 行 部：（010）6899 5968　　（010）6899 8733（传真）
总 编 室：（010）6899 5424　　（010）6832 6679（传真）
http://www.nwp.cn
http://www.newworld-press.com
版 权 部：+8610 6899 6306
版权部电子信箱：frank@nwp.com.cn
印　　刷：北京中振源印务有限公司
经　　销：新华书店
开　　本：710×1000　1/16
字　　数：230千字　　**印　　张**：14.25
版　　次：2011年11月第1版　2011年11月第1次印刷
书　　号：ISBN 978-7-5104-2312-3
定　　价：29.80元

序言

努力奋斗是值得赞扬和学习的，但不能忘了奋斗的初衷和目标。我们努力是为了快些达到目标，因此奋斗不是职场上的终极要义，最根本的恰恰是少奋斗，早日实现目标。

你很努力、很勤奋，这样很好，能压缩时间成本，尽早实现自己的理想。但有时候你会觉得，即便我们再勤奋，也有不可及的东西，是哪里出了问题吗？为什么如此勤奋还是距离理想中的东西那么远？

勤奋是必须的，但只有勤奋是不够的，想在众多职场人中脱颖而出，还需要智慧。勤奋让你投入和努力，智慧让你看透本质，找到最实用的方法和策略。失去智慧的勤奋需要以漫长的时间为代价，失去勤奋的智慧则是形式。

马云，一个毕业于普通大学，在3尺讲台上从教6年的普通教育者，凭借努力和胆识一跃成为创业英雄；李嘉诚，以超强的适应力和诚信聪明的品质，成就了自己的商业帝国；俞敏洪，凭借打不倒的信念成为新东方创始人，成就了无数学子海外求学的梦想；史玉柱，失败后以不倒之姿重新屹立的商界楷模，创造了商业史上从头再来的神话；李开复，一个以做最好的自己为基本理念，并有着卓越成就的杰出人物，成为众多年轻人崇拜的偶像；乔布斯，一个不循规蹈矩，却无数次震撼了商业世界的创新型人物，开辟了电子时代的新潮流。

在结果与过程的关系上，马云曾经说：“我们应该为结果付报酬，为过程鼓掌。你很努力我鼓鼓掌，请你吃饭喝酒，但是没有结果就是没有结果，报酬一定付给结果，鼓掌是要给过程。”

无论我们选择什么行业，无论我们的起点如何，无论我们如何勤奋，最终，我们要的还是压缩时间成本，取得巨大成功。本书汇总了马云、李嘉诚、俞敏洪、史玉柱、李开复、乔布斯等众多成功人物的职场智慧，力求给职场中的年轻人提供更多的方法和策略，让他们借助名人的点拨，少奋斗10年，给理想一个最圆满的结果。

目录

1 气度决定格局

2 尊严来自实力，实力来自拼搏

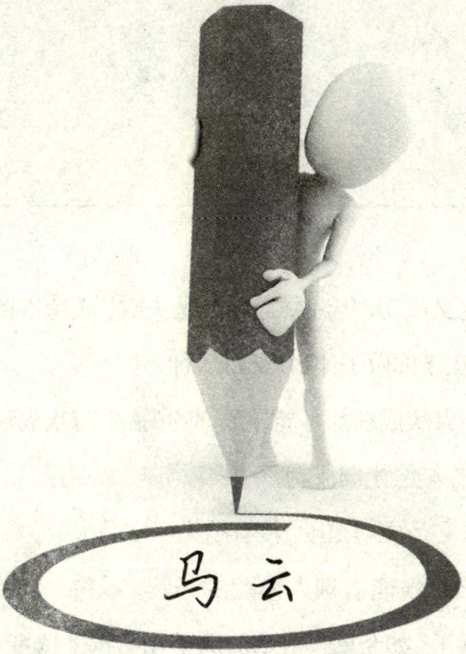

1 气度决定格局

让你愈加优秀的不是你在职场拼杀了多少年，而是你靠激情和智慧压缩了时间成本，却成了不可代替的精英。

我无法定义成功，但我知道什么是失败！成功不在于你做成了多少，而在于你做了什么，历练了什么！

永远记住每次成功都可能导致你的失败，每次失败好好接受教训，也许你就会走向成功。

有结果未必是成功，但是没有结果一定是失败。

等你什么时候能看别人惨败的经验，看得一身冷汗，你就离成功不远了。如今反映成功的例子和书越来越多，我倒是希望哪个出版社出本《营销史上最傻的100个错误》，肯定卖得好！

我们应该为结果付报酬，为过程鼓掌。你很努力我鼓鼓掌，请你吃饭喝酒，但是没有结果就是没有结果，报酬一定付给结果，鼓掌是要给过程。

什么都可以谈，只有价值观不能谈

确定是否进入一个企业时，主要看自己是否能融入企业，是否能接受企业的使命感和价值观。这一点对你未来的发展至关重要。价值观的匹配，将托起你的梦想。

"什么都可以谈，只有价值观不能谈判"，这就是马云对待价值观的态度。选择进入一个企业时，为了考虑今后的发展，必须要了解该企业的价值观是否和自己相匹配。进入阿里巴巴工作的人都知道阿里巴巴"六脉神剑"的企业文化。

"六脉神剑"简单说来，一是"客户第一"，关注客户的关注点，为客户提供建议和资讯，帮助客户成长；二是"团队合作"，共享共担，以小我完成大我；三是"拥抱变化"，突破自我，迎接变化；四是"诚信"，诚实正直，信守承诺；五是“热情”，永不言弃，乐观向上；六是“敬业”，以专业的态度和平常的心态做非凡的事情。

企业培训也常常会以它的价值观为第一标准，比如在阿里巴巴，“六脉神剑”是用人的第一标准，怎样培养人，如何考核人，都以它为标准。如果你不认同、不接受该企业的价值观，那这种培训对你来说将是一种时间和精力上的浪费。

在决定进入一个企业之前，对自己能力、资源和经验的客观评估当然很重要，但这却不是第一位的。很多关注公司和员工个人发展的企业也会把价值观作为第一标准来招聘员工，来看看阿里巴巴的招聘标准我们就会明白这个问题。

在中国供应商项目启动之初，正是用人之际，按理说阿里巴巴直销团队应当优先招有经验和有客户资源的人，可阿里巴巴却没有这么做。它是以企业文化第一，价值观第一，最后才是以能力的要求来进行招聘，将那些不能接受阿里巴巴的价值观，不能和团队配合的人都拒绝了。用马云自己的话说就是：“招聘新员工时，我们主要看他们本身是否诚信，是否能融入企业，是否能接受企业的使命感和价值观。而且，如果认为我们是疯子请你离开，如果你专等上市请你离开；如果你带着不利于公司的个人目的，请你离开；如果你心浮气躁，请你离开。”

这就是阿里巴巴用人的第一标准。在马云看来，价值观比销售经验重要得多，他说：“技能是可以培养的，可诚信和热情是很基本的品质，很难培养。公司从事的是诚信体系刚起步的电子商务，我们自己首先必须诚信。一个人如果不诚信，无论他能力再强，我们都不要。同样，如果你不热爱公司，不喜欢阿里巴巴的文化和氛围，我们也只能割爱。”

这是马云对人才的看法，进入阿里巴巴，就必须要认同阿里巴巴的文化，认同阿里巴巴的理想。

新员工进入某个企业之初，都要接受一段时期的入职培训，对一个注重团队合作的企业来说，在培训中将会设法深化员工对企业价值观的认同，如果该员工在其他各项考核中都很好，但在价值观上无法和企业达到最终的统一，这将是企业资源和新员工生命时间的双方面损失。

我们来看一下阿里巴巴在新员工的考核培训中是如何对待价值观问题的。

进入阿里巴巴后，有一个月的专门培训，每个新员工都要参加。通过培训，向新员工宣扬阿里巴巴独特的价值观，培养他们的团队合作精神。而在对员工的绩效考核中，业绩只占50%，余下的50%是有关价值观的考核。如果只是工作业绩非常出色，但不符合阿里巴巴的价值观，那也不能通过考核。马云用了这么一句话来概括阿里巴巴员工应该具备的基本素质："对今天阿里巴巴的员工，我们要求诚信，学习能力，乐观精神，和拥抱变化的态度！"

可见企业在招聘员工时，更注重的是聚集一群有着共同梦想、共同价值观的人。只有将这些人聚拢在一起才能做出不平凡的事。那么，从员工角度来说，我们更应该注重个人价值观与企业价值观的相互认同，不仅如此，在价值观的选择标准上，入职者应该比企业更加慎重。企业是一个团体，如果一个新人不能适应这个团体，他们唯一的做法是解聘新员工，以求达到最高效的团队合作。但对入职的新员工来说，与企业价值的迥异不但是时间上的浪费，而且是对其自信心的打击。与其造成后期这些没必要的麻烦，不如在前期选择时对企业详细了解，让自己的价值观和企业相匹配。只有遵从这一择业标准才能托起你的梦想。

“猎犬”是最好的职场精英

在职场中，有业绩没团队合作精神的是“野狗”；和事佬、老好人但没有业绩的，可以定义为“小白兔”；有业绩也有团队精神的，是“猎犬”。

“野狗”型的员工缺乏的是团队合作精神，是我们上一节所说的价值观问题，如果不能改变价值观，那就会被“杀掉”。“小白兔”型的员工将会得到公司的帮助，培养使用，争取让他们早日成长起来。但如果“小白兔”没有长进，也要逐渐淘汰掉。“猎犬”型员工才是企业最需要的。他们会受到公司的重用，有机会接受最好的培训。

我们永远都不要做“野狗”员工。但如果你是“小白兔”那就要小心了，“小白兔”型员工有两个明显的缺陷：一是缺乏自我意识。只做一个和事老、老好人不一定就不得罪人，有时候息事宁人没什么价值，对待工作上的问题，你必须有自己的观点，而且要有支持自己观点的理由；二是必须从业绩上提高自己，这就得借助于公司的培训，通过公司一两个月的培训，最大化地思考、提问和实践。

对“小白兔”来说，最关键的在于成长。“小白兔”的内心一定要有成长意识，而且不要在一些边边角角的问题上过多计较。要知道，如果

“小白兔”不能变得强大，不是被某个企业踢出去的问题，而是被社会前进的车轮落在后面的问题。望尘而莫及的事，是职场上最大的悲哀。所以“小白兔”一定要通过努力自我完善成长为“猎犬”。

“猎犬”是最好的职场精英，只有成为这样的人，你才能更快更好地实现自己的下一个目标。

来看看阿里巴巴是如何分别评价和对待这几类员工的吧：有一次，阿里巴巴的高管们抽查销售人员的通话录音时，无意中听到了一名员工跟客户承诺回扣的事情。虽然那名员工是一位业绩十分突出的销售人员，上一个季度刚刚被评为“销售冠军”，但阿里巴巴还是把他辞退了。另外一个能力很强的销售员工因为改动了销售数字也被公司辞退。

用马云的话说，“虽然杀他是很痛的，但是你还得杀掉他，因为这些人没有用，他对团队造成的伤害是非常大的，触犯了‘六脉神剑’的员工，他就是一条‘野狗’无论其业绩多好，都要坚决清除。‘野狗’是要坚决清除的，而不能胜任工作的‘小白兔’也是要逐渐淘汰的。还有些人价值观很好，业绩很差，这些人特别好，特别热情，特别善良，特别友好，但是他业绩永远不好，那‘小白兔’，也要杀。 因为一个公司小白兔多了以后，那就是一种灾难。如果不灭掉几个小白兔，这个公司就不会前进，不会进步”。因此，阿里巴巴实行了末位淘汰制，以此来激励员工不断积极进取，促进企业发展。

马云自己就这样说，“我们公司是每半年一次评估，评下来，虽然你的工作很努力，也很出色，但你就是最后一个，非常对不起，你就得离开。在两个人和两百人之间，我只能选择对两个人残酷。最后，剩下来的‘猎犬’才是阿里巴巴需要的——业绩好，价值观也好的员工才是我们要的员工，是我们要的明星，所以所有人都要往这儿去靠。”曾经有人问马云是喜欢能干的员工还是听话的员工？马云回答说：“他必须又能干又听话，因为我不相信能干和听话是矛盾的，能干的人一定不听话，听话的人不一定不能干吗？听话本身就是能干的表现。”

分清了“野狗”、“猎犬”和“小白兔”的差别，同时了解了企业对这三种员工的不同对待方式，我们就会更加明确自己应该成为哪一类员工，你的人生将从你成为一只“猎犬”开始改变。

你很优秀，所以你被开除了

企业对一个人去留的选择有多种原因，如果我们被开除，会觉得是自己能力不够，觉得自己不是最好的。**但有时候事实恰恰相反，你被开除的原因恰恰因为你很优秀，不是你不行，是你不合适。因此以“合适”为选择标准永远胜于其他任何选择标准。**

一个合适的发展平台永远比高薪更重要，好的发展平台能助推你在短时间内走向更高处，这才是你最大的收获。如果你是一个波音747发动机，千万不要受高薪或其他因素诱惑，把自己放在拖拉机上。定位的错误虽然是个人和企业的双向损失。但最终的结局是你离开企业重新选择。低估自己的能力，你也会变成一个无用或者没多大用的人。从此“人才”二字将会离你越来越远。

来看一下对一个企业而言，“人才”二字是怎么定义的？究竟什么样的“人才”能更好地为企业所用？相信很多管理人士对这些问题都有自己的看法，有的人看重学历，认为名校MBA出来的精英人物必定是人才。可马云却语出惊人：“3年来，我的企业用了很多的MBA，95%都不是很好。”

马云之所以说这话，也是在切身体验后得出的经验教训，并不是随口说说的。越多了解企业对人才的选择标准和去留的抉择内幕，对我们个人的发展和选择就越有价值。让我们和马云一起回顾阿里巴巴的创业期，看看这个最有代表性的企业总裁对人才的斟酌选择吧。

在阿里巴巴创业早期，由高盛牵头的500万美元“天使基金”到位后，马云用这笔钱做的第一件事，就是从香港和美国招募大量的国际人才。同时，马云还对外宣称：“创业人员只能够担任连长及以下的职位，团长级以上全部由MBA担任”。马云后来坦白承认自己当时的错误是“因为有钱，我希望有高手进来”。那时，阿里巴巴12个人的高管团队中除了马云自己，其他的人全部来自海外。

接下来几年，马云又聘用了更多的MBA，包括国内大学和哈佛、斯坦福等学校的MBA，但后来95%的MBA都被马云开除了。

为什么要开除这些精英们呢？原因自然是多方面的。

“首先我承认我水平比较差，95%的MBA都被我开除掉了，难道他们就没有错吗？怎么可能95%都被我开除掉？肯定有错。因为这些MBA一进来跟你讲年薪至少十万元，一讲都是战略。每次你听那些专家跟MBA讲是热血沸腾，然后做的时候你都不知道从哪儿做起。”

是的，那些MBA都是精英、高手。马云并不否定那些职业经理人的管理水平，他自己也承认：“那些职业经理人管理水平确实很高，就如同飞机引擎一样”，只是，“如此高性能的引擎就适合拖拉机吗？”

马云的确承认这些人的管理能力，但他花高薪请来的这些人才却不适合自己的企业，不能和企业发展相匹配。来看看马云对这些人其他的一些评价吧：在另一方面，马云评价那些MBA连“基本的礼节、专业精神、敬业精神都很糟糕”，这些人“一来好像就是我来管你们了，我要当经理人了，好像把以前的企业家、小企业家都要给推翻了”。这让马云觉得很不好，他认为：“作为一个企业家，小企业家成功靠精明，中企业家成功靠管理，大企业家成功靠做人。因此，商业教育培养MBA，首先要过的是做人关。”

后来，马云在说到当初开除MBA的事情时，认为：“如果当时不做这样的手术，可能阿里巴巴就没了”。他也承认了自己的错误：“冬天的时候，我们当时犯了很大的错误。一有钱，我们跟任何人一样，我们得请高管，我们得请洋人，请世界500强的副总裁。我们请了一大堆人。可最关键的时刻又要做决定请他们离开。我们清掉了很多高管，这是最大的痛苦。就像一个波音747的引擎装在拖拉机上面，结果拖拉机没飞起来，反而四分五裂。当时太幼稚，公司当时的发展水平还容不下这样的人。”

的确，适合的才是最好的，适合的人才要选择适合的岗位，千万不能错位，错位之后成本太大。对一个人来说，能够展现自己能力和特长的平台就是最好的。你是不是人才，关键是看你把自己放在什么位置上。正如西方名言所说：“垃圾是放错位置的财富。”

了解了企业择人的内幕，在选择发展平台时要对企业的发展阶段和自己的人生规划有一个合理的预计。另外强化自己的基本礼节、专业精神和敬业精神也是能快速适应职场，最终在职场中胜出并实现人生梦想的必要品质。

每做一件事，只追求最在乎的目标

在人才争夺激烈的今天，挖人也成为商业竞争的重要手段。竞争对手之间互挖墙角的事屡见不鲜。为了能从对手那里挖来骨干员工，许多企业都开出十分具有诱惑力的待遇。接到某企业给你打来的电话，你是一种什么感觉呢？

作为被挖的人才，面前的诱惑貌似多给了我们一次选择的机会，但是你最好保持冷静。人生处处充满诱惑，如果我们被诱惑牵着鼻子走，那就失去自我了，所以先不管对方开出的条件如何优厚，重要的是想好自己最想要什么。

蔡康永在一条微博短信中说：**“每做一事，最好只追求一个最在乎的目标，其余都可让步，这样达成目标的机会才高。**比方：做这事，最在乎是学经验，那就别计较钱；做那事，最要紧是钱，那就别计较面子。以此类推。若做一事，又想学经验，又要赚得多，又要有面子……如此美事，有得等啊！”

千万不要因为社会对你的肯定而盲目自大，也不要以其他企业挖你过去，给你多优厚的待遇作为条件，跟此时所在的公司谈待遇。你最想要什么只有你自己清楚。所以要执行自己理性思考后的决定，而不是在众多选择中摇摆。如果你以此为条件和公司谈判，就要有思想准备，因为有些公司是不会挽留辞职员工的。

我们以阿里巴巴总裁马云为例，看看这些不留人的企业是怎么想的：面对其他公司的挖人电话和公司员工的辞职，马云说："我们阿里巴巴绝不挖人，也绝不留人。"

为什么马云对挖人和留人持如此强烈的反对态度呢？让我们接着往下看。

阿里巴巴并购雅虎中国后，马云走进北京的雅虎中国，准备对它进行一番整合。可是，马云发现等待他的第一个难题并不是如何对雅虎中国进行整合，而是来自猎头公司此起彼伏的挖人电话。

这种形势比马云原来想象中的要紧迫得多，本来马云认为自己一个人可以"搞定"的，所以阿里巴巴那些高管们在出席完雅虎员工的发布会以后就很快回杭州了。单枪匹马的马云面临着一个严峻的挑战。

那段时间，雅虎中国的很多员工都接到了猎头公司的电话，有的员工甚至一天接到好几个猎头电话。频繁出没的猎头公司使原本就军心不稳的雅虎中国人心动荡。马云形容当时的情形是，"好像全世界的猎头公司这几天一下子都出现在雅虎了，为各种各样的公司来挖人"。

为了与猎头公司抗争，马云不停地跟雅虎中国的管理层及普通员工沟通、谈话，向他们描述新雅虎的美好；同时将阿里巴巴的HR副总裁邓康明从杭州调到北京；制定出的人员调整政策也颇费了苦心。

阿里巴巴制定出的人员调整计划是：给雅虎员工一个月的自由考虑期。在这段时间里，员工自主决定去留。对选择离开的员工，阿里巴巴给予丰厚的补偿，提供"N+1"个月工资的离职补偿金。（注：N指员工在雅虎中国公司工作的年数。）留下的员工，原来的薪酬、岗位不变甚至提升，并且还会得到一定的阿里巴巴期权。

马云用了一个多月的时间完成了雅虎中国的人事整合。最后，雅虎中国的700多位员工，只有30人左右选择离开，高层团队全部留下了，离职率仅为4%左右。而在国际上，企业间的并购人才流失率一般在20%左右。在与猎头的这次较量中，马云赢得了胜利。

看看马云在这次人才竞争中赢得胜利的最后原因是什么？恰恰就是给员工充分选择的自由。每个员工想要什么，最后做什么样的决定等只有他们自己知道。知道想要什么的员工会自己决定去留，这样，从企业的角度来说，能保持企业人才的稳定性；对员工来说，也有利于员工的个人发展。

如果你对猎头开出的条件动心的话，你可以离开现在的公司；如果觉得现在的条件和平台更适合自己发展，你就没有犹豫和考虑其他公司的必要。但无论如何选择，保持职业道德是一个人的基本底线。

对于职业道德，马云举了一个例子来进一步说明："美国GE公司和西门子公司竞争很激烈。GE出来的员工认为：'我再烂，我也不去西门子'；同样，西门子出来的人也是如此。这是因为从GE出来的人如果进了西门子，当西门子这边的人问起你在GE那边是怎么做的时候，你说了，对不起GE那些曾经和你一起拼搏的兄弟和老板；你不说，又对不起现在的新同事。所以这些员工才坚决不去竞争对手那里。"马云认为这体现了一个人的职业道德。

另外，有些企业不会用高薪来诱惑人才、留住人才，因为对于一个目标明确的人来说，你想把别人绑住是绑不住的，绑得了人绑不了心。要的是你心甘情愿留下。也只有你心甘情愿地留下，才能让个人的才能和价值最大化。

面对企业挖人，你做出处理和选择时，一定要深思。

如果想少干，就要想出懒的方法

在公司，你是最忙的那个人吗？如果你每天都早来晚走，不停地加班；如果你打字打到胳膊酸痛还有一大堆材料没整理完；如果每天你忙得连饭也顾不上好好吃；如果你忙到只感觉到工作的紧张和疲劳，一刻也不得放松，那么你未来只面临两个选择：一是改变自己，二是自认倒霉被淘汰出局。不服气就抬头看看别人吧，看你那个每天悠闲的同事，他总是工作效率最高的那个人，那种悠闲你享受得起吗？

如果想知道公司业绩最好的同事为什么每天那么悠闲，想不做被淘汰的倒霉蛋，那就看看马云演讲时的一番话吧，相信这位胜人一筹的总裁能让你看到差距，着手改变自己。

世界上很多非常聪明并且受过高等教育的人无法成功，就是因为他们从小就受到了错误的教育，他们养成了勤劳的恶习。很多人都记得爱迪生说的那句话吧——天才就是99%的汗水加上1%的灵感。并且被这句话误导了一生。勤勤恳恳地奋斗，最终却碌碌无为。其实爱迪生是因为懒得想他成功的真正原因，所以就编了这句话来误导我们。

很多人可能认为我是在胡说八道，好，让我用100个例子来证实你们的错误吧！事实胜于雄辩。

世界上最富有的人比尔·盖茨，他是个程序员，懒得读书，他就退学了。他又懒得记那些复杂的DOS命令，于是，他就编了个图形的界面程序，叫什么来着？我忘了，懒得记这些东西。于是，全世界的电脑都长着相同的脸，而他也成了世界首富。

世界上最值钱的品牌——可口可乐，他的老板更懒，尽管中国的茶文化历史悠久，巴西的咖啡香味浓郁，但他实在太懒了。弄点糖精加上凉水，装瓶就卖。于是全世界有人的地方，大家都在喝那种像血一样的液体。

世界上最好的足球运动员——罗纳尔多，他在场上连动都懒得动，就在对方的门前站着。等球砸到他的时候，踢一脚。这就是全世界身价最高的运动员了。有的人说，他带球的速度快得惊人，那是废话，别人一场跑90分钟，他就跑15秒，当然要快些了。

世界上最厉害的餐饮企业麦当劳，他的老板也是懒得出奇，懒得学习法国大餐的精美，懒得掌握中餐的复杂技巧，弄两片破面包夹块牛肉就卖，结果全世界都能看到那个M的标志。必胜客的老板，懒得把馅饼的馅装进去，直接撒在发面饼上边就卖，结果大家管那叫Pizza，比10张馅饼还贵。

还有更聪明的懒人：

懒得爬楼，于是他们发明了电梯；

懒得走路，于是他们制造出汽车、火车和飞机；

懒得一个一个地杀人，于是他们发明了原子弹；

懒得每次去计算，于是他们发明了数学公式；

懒得出去听音乐会，于是他们发明了唱片、磁带和CD；

这样的例子太多了，我都懒得再说了。

还有那句废话也要提一下，生命在于运动，你见过哪个运动员长寿了？世界上最长寿的人还不是那些连肉都懒得吃的和尚？

如果没有这些懒人，我们现在生活在什么样的环境里，我都懒得想！

人是这样，动物也如此。世界上最长寿的动物叫乌龟，他们一辈子几乎不怎么动，就趴在那里，结果能活1000年。他们懒得走，但和勤劳好动的兔子赛跑，谁赢了？牛最勤劳，结果人们给它吃草，却还要挤它的奶。熊猫傻了吧唧的，什么也不干，抱着根竹子能啃一天，人们亲昵地称它为“国宝”。

回到我们的工作中，看看你公司里每天最早来最晚走，一天像发条一样忙个不停的人，他是不是工资最低的？那个每天游手好闲，没事就发呆的家伙，是不是工资最高，据说还有不少公司的股票呢！

我以上所举的例子，只是想说明一个问题，这个世界实际上是靠懒人来支撑的。世界如此精彩都是拜懒人所赐。现在你应该知道你不成功的主要原因了吧！

懒不是傻懒，如果你想少干，就要想出懒的方法。要懒出风格，懒出境界。像我从小就懒，连肉都懒得长，这就是境界。

你是马云提到的懒人中的哪一种？如果不是，读完了马云的话你一定知道该怎么办了。别等着将要被淘汰的时候还不服气地大喊：“我每天都很忙，我一直很努力，这不公平。”智商和体力做较量，胜败从一开始就已成定局。从现在开始，学会做一个懒人，但一定要懒出境界、懒出成绩。

不能无条件遵循“客户永远都是对的”

一名合格的员工会认为客户是自己的上帝，但如果你想做一名优秀的员工，就永远不要这样认为。

有时候客户是错的，他们不知道你们在干什么，你是产品的销售者，只有你明白自己在干什么。只有你明白产品的详细功能，只有你知道如何让产品的使用达到最佳境界。

对客户关系，马云还有一个与众不同的论述，那就是不能无条件遵循“客户永远是对的”。客户也有犯错的时候，所以，遵循“客户永远是对的”有个前提条件，那就是要在客户完全清楚自己要的是什么的情况下。

马云的这种观点是从一个饭店学来的。他曾经在公司里面给员工说过这个故事。

杭州有一个很有名的饭店，在杭州、上海、南京、北京开的饭店很多都需要提前几天甚至是一个星期预订座位。6年前我到这个饭店去吃饭，这个饭店当时还没有几张桌子，我点好菜后在那儿等，过了5分钟，经理来了说，“先生，你的菜再重新点吧。”我说，“怎么了？”他说，“你的菜点错了，你点了四个汤一个菜。你回去的时候，一定说饭店不好，菜不好，实际上是你菜点得不好，我们有很多好菜，应该点四个菜一个汤。”

我觉得这个饭店很有意思，为客人着想，不会像人家看见有客人来，就说龙虾怎么好，甲鱼也不错。他会对你讲没必要点这么多，两个人点这些就行了，不够再点。你会感觉他为客户着想，客户满意了，他才会成功。如果客户不满意，就是你不成功。

其实客户在很多时候，并不知道他们真正想要的是什么。一味遵循“客户永远是对的”，往往会失去客户，且不知道为什么失去。所以，一定要真正读懂客户的心。客户不了解产品，不知道你在干什么，但我们要明白自己在干什么。

马云在遇到客户的时候，总是和他们一起探讨：“首先，你要想好自己到底想要干什么？然后才能摆脱各种诱惑，照着这个思路一路走下去，其次，你要知道哪些事情该做，哪些事情不该做！选择具有长远空间的业务去发展。”

如果我们拿客户当上帝，你如何和你的“上帝”做最有价值的沟通呢？所以马云对客户的观点值得每一个做产品的人借鉴。**想要比别人优秀，就要比别人更清醒、更理性。对于自身职业和产品，只有占尽思想观念的优势，才能占尽职场优势。**

另外马云对客户也会犯错的这种清醒认识，使得他在阿里巴巴内部实行一种“271”战略，我们在与客户沟通的时候，可以参照这种战略。

“20%是优秀员工，70%是不错的员工，10%的员工是必须淘汰掉的。我对客户也要实行‘271’战略，有10%的客户是每年一定要淘汰掉的。”为此，马云还举了一个例子：“比如说我是医生，你是病人，你来看病。我开了一个药方，他药买回去，往家里面一放不吃药，我也没有办法。”

勇敢地淘汰一些对产品起到消极影响作用的客户，是一种自信的做法，这种做法让剩余的客户变相为你的产品做了良好宣传。另外，在投入精力的时候，对有利的客户资源投入更大的精力永远比信奉所有的上帝业绩好的多。

突破自我，迎接变化

每个人都希望机遇能垂青自己，但你是否想过机遇是怎么来的？如果你去认真分析就会发现，机遇大多在变化中得来。

对《西游记》中孙悟空的72变几乎尽人皆知，但你是否注意过，孙悟空在什么时候才会用他72变的神通本领呢？而且，他为什么要在不同的时候进行不同的变化呢？顺着这个问题再往深处想一下你就会明白，悟空的72变总在外界环境发生变化的时候使用，而且他会在不同的情形下变成不同的形体来适应环境，最终达到驾驭环境取得胜利的目的。

面对各种无法控制的变化，你必须懂得用乐观和主动的心态去拥抱变化！当然变化往往是痛苦的，但机会却往往在适应变化的痛苦中获得！

关于拥抱变化，阿里巴巴的阐述是：突破自我，迎接变化。对于本行业的特点有深刻的认识。坚信变化是我们的日常生活。对于公司的变化，认真思考，充分理解。积极接受并影响和带动同事。对于变化对个人产生的影响，理性对待，充分沟通。诚意配合。在工作中善于自我调整，具备前瞻意识，建立新方法、新思路。面对变化后产生的挫折和失败，能够重新调整，以更积极的心态投入到改进中。

我们来看一下阿里巴巴总裁马云是如何看待变化并运用变化的吧。

“我们认为，除了我们的梦想之外，唯一不变的是变化！这是个高速变化的世界，我们的产业在变，我们的环境在变，我们自己在变，我们的对手也在变……我们周围的一切全在变化之中！”

“我们阿里巴巴在过去的7年里和我本人近10年的创业经验告诉我，懂得去了解变化，适应变化的人很容易成功！而真正的高手还在于制造变化，在变化来临之前变化自己！”

“任何抵触，抱怨和对抗变化的不理性行为全是不成熟的表现，很多时候还会付出很大的代价。因为你不动，别人在动！这世界成功的人是少数，而这些人一定能够在别人看来是危险，是灾难，是陷阱，是……的变化中冷静地找到机会！所谓危机，危险之中才有机会！”

“阿里巴巴几乎每天要面对各种各样的挑战和变化……我以前总是强迫自己去笑着面对并立刻准备调整适应（当然很多时候也一定会骂骂咧咧的）。而今天，我们不仅仅会乐观应对一切变化，而且还懂得了在事情变坏之前自己制造变化！拿最近的热门话题雅虎和易贝在美国的合作来说，正是因为看到了未来全球互联网的竞争格局，以及如何让用户和企业利益的最大化，我本人也积极倡导和参与推进了这次的合作！”

“商场不是战场！商场上是对手不是敌人！商场上没有永久的对手也没有永久的朋友。走向竞争合作的产业才是走向成熟的表现！只有一个成熟的产业才能诞生一批成熟的企业！阿里巴巴有责任推进这样的进程！决不像外面的专家们说的那样，我们目前处于被动局面！我希望在未来的中国互联网发展中，我们也能参与到这样的竞争和合作中去。”

“我上次和大家的交流中说过，人要成功一定要有永不放弃的精神！人生最大的失败就是放弃！绝大多数人是在变化中放弃的，其实非常的可惜和遗憾！”

马云就是一个拥抱变化，很会创新的人。一位阿里巴巴的高层说马云“确实是一个喜欢变化的人。如果半年之内这家公司没什么变化，他会觉得不对劲，一定有什么地方需要做点调整了。”

正是马云抱着“唯一不变的是变化”的理念，他才能敏锐地看到变化，抢在变化之前行动，领着阿里巴巴在电子商务的道路上一步步向前走。

马云迎接变化，拥抱变化的理念是对待变化最有效的应对方法。只有学会随着变化而自变，在变化中求生存，机遇才属于你。

要在变化中培养一种灵敏度，及早感觉到变化，抢在变化之前先变，而不是等问题出现后再去想法解决。

看看马云给职场年轻人的忠告吧：“我们在不断的变化中求生存，在不断的变化中求发展。如果发现公司没有变化，公司一定有压力，所以说我希望告诉你们每一个人，看看你自己的成长，是否带来变化？各方面是不是有变化？我们的服务策略是不是有变化？我们要不断地去适应这种变化，如果你觉得昨天赢的东西你今天还要希望这样赢，很难了。一定要创新，变化中才能出创新，所以要学会在变化中求生存。”

只为成功找方法，不为失败找理由

做任何事情都一样，方法永远强于理由。我们都见过也都经历过，由于某种方法用得恰到好处，眼前的问题一下子就解决了。但你见过由于某个理由找得天衣无缝，眼前的问题被顺利解决的吗？**人的精力是有限的，把有限的精力用来思考和寻找方法，永远比寻找理由有价值。**

理由对结果不起任何作用，最多起到推卸责任的作用而已，只有方法才能影响结果。

很多东西是很难考量的，但结果是可考量的。阿里巴巴总裁马云说："只要结果，不要跟我谈过程，不要跟我谈困难！"

来看看马云的团队是如何寻找方法解决困难的吧：2003年2月，为了防备eBay，马云挑选了一个团队，秘密制作淘宝网站。当时马云下的任务是：做一个像eBay那样的C2C网站出来，并且还规定了时间。30天之内让这个C2C网站上线运营，也就是说最后期限是2003年5月10日！

当时，连网站要做成什么样子，大家心里都还没有底。要在一个月时间内让网站上线运行，这实在是一个艰巨的任务。但是，马云已经下了死命令，他要的只是结果。

接了任务后，这支团队离开华星科技大厦到湖畔花园去。他们到湖畔花园做的第一件事情就是为网站定方向。为此，他们将能找到的类似网站都研究了一遍。

那时，这支团队成员吃住都在湖畔花园的公寓里，每星期回家一次。工程师做网站开发，负责运营和服务的人员则成天泡在其他C2C网站的社区里，询问会员们心目中理想的C2C网站是什么样子。

经过团队成员的昼夜奋战，淘宝在2003年5月10日成功上线，出色地完成了马云交给他们的这项艰巨任务。

“只为成功找方法，不为失败找理由。”这就是阿里巴巴的做事态度。在马云看来，“我们应该为结果付报酬，为过程鼓掌，你很努力我鼓鼓掌，请你吃饭喝酒，但是没有结果就是没有结果，报酬一定付给结果，鼓掌是要给过程。”

试想一下，如果马云的团队成员们只把眼睛盯着“短时间、高难度”这样的问题，为自己找理由，想必淘宝就不会那么快诞生了。只有找方法，而且是找到人所不能的方法才能有突出成就。方法能够成就事业，理由却会让你一事无成。所以想要成为一名职场精英，在困难和问题面前就要只找方法，不找理由。

以诚为本，信守承诺

“红顶商人”胡雪岩常说：“江湖上做事，说一句算一句，答应了的事，不能反悔，不然叫人看不起，以后就吃不开了。”这是他一生始终秉承的诚信理念，也是他的做人之道。

那么在职场中拼杀的我们呢，诚实到底能带给我们什么？先来看看诚实曾给那些走出人生辉煌之路的人带来了什么吧，看过之后，你一定会更清醒地认识到诚实对一个人的意义和价值。

马云是一个将诚信看得很重的人。他信守诺言、为人坦荡。为了自己对老校长的一句诺言，马云在学校里教书一教就是6年。

马云就读的是杭州师范学院英语系，在他之前，该校从来没有学生毕业后就进入高校任教的，但马云却破了这个先例。大学毕业时，马云被破格分配到杭州电子工业学院当老师。500多名毕业生中，他是唯一被分到高校任教的。当时母校校长要马云5年内不准离开分配去的那所高校，马云答应了。马云对自己答应的事情就要做到。他明白校长要他这么做的原因：如果他走了的话，以后母校毕业生可能永远没有人能被分配到大学里去。

让我们看看马云自己的叙述：“我大学毕业的时候，在校门口碰到我的校长，校长对我说：‘马云，你到那个学校5年不许出来。’我拍一拍脑袋，回答说：‘好，我5年不出来。’没想到分配到那个学校，我一个月工资只有89块，而改革开放之初的深圳每月可以给我1200元的待遇，有很大的诱惑。我想既然承诺了，就不去。后来海南开放了，我可以得到每月3600元的待遇，我还是信守承诺，就是不去。”

就是因为当时对校长的一句承诺，马云一直没有离开那所学校，直到承诺期满。这就是马云对诚信、信用的认识，它“不是一种高深空洞的理念，而是实实在在的言出必行、点点滴滴的细节”。正因为这样，才有那么多的人被他的人格魅力所吸引，愿意与他并肩作战、共同进退。

的确，用马云的话说：**“诚信是基石，最基础的东西往往是最难做的。但是谁做好了这个，谁的路就可以走得很长、很远”**。

这也是马云认为史玉柱一个人能成为中国首富，又变成中国首负，再回到中国首富的原因。他说：“我很少看见有再回来的，能回来，很重要的一个东西就是诚信。也许我们大家不太喜欢，包括我自己也不喜欢他脑白金的广告，丑丑的，傻傻的，但是他有自己的底线，诚信的底线——还款……史玉柱能够回来，在中国企业界有这样的成就，我觉得诚信是最关键的一样东西。”

所以，记住永远信守诺言，永远以诚信为本。它是你最大的财富。

眼光、胸怀和实力，一样都不能少

在职场上取得成功的人永远是具有狼性的人，如果想要成为职场上的一只狼， 眼光、胸怀和实力一样都不能少。

眼光、胸怀和实力是做事业的必备因素，无论你是在职场打拼，还是在积累经验为自己创业做准备，都要做好这3件事。其实做人也是要做这3件事情。这个观点还是马云在与金庸探讨《笑傲江湖》时，探讨出来的观点呢。

“何为笑，何为傲？什么人能笑，什么人能傲？有眼光、有胸怀的人就能笑傲江湖。你想傲，你一定要有实力，人家一个巴掌打过去，你滚出5米之外，你再傲也没有用。所以要想‘笑傲江湖’，就要做到眼光犀利、胸怀开阔。”

人的眼光是一点点地开阔、高远

马云在跟很多世界一流的人交流之后，就感觉到和别人之间的差距，感觉到人们考虑问题的角度是不一样的。不过，人的眼光也不是生来就有的，而是一点点地开阔、高远，就像爬山一样，越往上爬，风景越好。

在马云看来，“读万卷书不如行万里路”。“要多看，多跟高手交流。你会觉得距离蛮远的，这样你眼光就会打开。很多人都这样，我是某某城市排行第一的，你到外面看一下，差得很远。”

所以，“人要学会在自己的脑袋、自己的眼光上面投资，你每天旅游的地方都是萧山、余杭，你怎么跟那些大客户讲，世界未来发展是这样子的？你把自己的旅游钱放到日本东京去看看，去纽约看看，去其他地方看看，去全世界看看，回来之后你的眼光就不一样了，人要舍得在自己身上投资，这样才能转给客户。”

马云还说：“我非常敬佩邓小平，改革开放是非常有眼光的。他去欧洲、去美国一看是这样的，中国和他们差距这么远，他才知道差距。我们在座每一个企业家都要了解，距离不可怕，可怕的是你不知道距离。跟克林顿吃早饭那一天，中国那些部长的名字他都能说出来，中东的一些部长的名字他都能说出来，你会感觉他是实实在在的人，他是平凡的人，所以他伟大。要不断去走，不断去跑，不断去看。”

胸怀是委屈撑大的

“胸怀是非常重要的，一个人有眼光没胸怀是很倒霉的。三国演义的周瑜就是眼光很厉害，胸怀很小，所以被诸葛亮气死了。宰相肚里面能撑船，说明宰相怨气太多了。他不可能每天跟人解释，只能干，用胸怀跟人解释。每个人的胸怀是靠委屈撑大的。”

“今天我唯一可能拥有的长处，就是我比大家容纳的多一点。”

“对我来讲，人家说‘马云，你一不懂技术，二不懂营销，三不懂市场，几乎没有懂的东西’。我真的是几乎没有东西懂，我是杭师院毕业，应该是去教高中的，学的是英文。在几乎什么都不懂的情况下我发现男人需要胸怀，去容纳他们，去理解他们，去听他们，这是很重要的事。”

实力是失败堆积起来的

“再就是实力，我觉得实力是失败堆积起来的，一点点的失败是一个人的实力、企业的实力。如果我年纪大了，希望我跟我孙子吹牛的话，我就说你爷爷做成这么大的事情，一点儿都不牛。孙子说，刚好是互联网大潮来了有人给你投资。当你讲当年有这个事情出来，犯了很严重的错误，他会很崇拜地看着我，真的，这个我倒不一定吃得消。一个人最后的成功有太多惨痛的经历。”

具备了眼光、胸怀和实力你就拥有了做一头狼的资本，想成为职场精英；想成为不可代替的人；想通过在职场积累经验，待羽翼丰满之后自己创业拼杀，拥有了做一头狼的资本，对你来说胜出只是个时间问题。

坚持最初的梦想

第一天的梦想都很美好，但是很多人走着走着就发现自己都忘了第一天想的是要干什么。其实最初的梦想才是最后成功的落脚点。网上曾有一个帖子，是一个走出大学校园步入职场一年多的职场新人贴上去的。帖子的内容很有意思，说是带着最初的梦想走出校园，但步入职场之后，发现最初的梦想被现在的老板摧残得丝毫不剩，还说自己的梦想是在每天不停地工作中磨掉的，对于梦想的消磨老板难辞其咎。

看到这种说法我觉得好笑，我想他所谓的梦想一定只是一个幻想而已。看看那些令人瞩目的成功者吧，他们中很多人要么从练地摊起家，要么从职场拼杀中走过来。不管在怎样艰难的情景下，他们从未放弃过最初的梦想。

马云在《赢在中国》现场曾经这样点评一个参赛选手："人不能沉浸在自己所谓的成功里面。所以我希望给你一个建议，人永远不要忘记自己第一天的梦想，你的梦想是世界上最伟大的事情，就是帮助别人成功。不能走到后面以后又改回来。"

是的，任何人第一天创业的梦想都是最美丽的。

来看看阿里巴巴第一天的梦想是怎样的，看看他们是如何坚持自己梦想的吧：阿里巴巴创业第一天的梦想就是做要做全球十大网站之一，让全世界每个商人都用阿里巴巴！因此，在2005年8月阿里巴巴收购雅虎中国后，马云对雅虎中国进行了一系列的整合，将其业务重点重新转向了搜索领域。当然，雅虎的搜索“不会是传统意义上的纯搜索概念。”它是为电子商务服务的，被定位为一个面向企业、商务和富人的搜索引擎。

“搜索引擎归根到底只是一个工具。既然它是一个工具，就必须为阿里巴巴的电子商务服务。阿里巴巴成立以来，一直在从事电子商务，我们做了B2B、淘宝，等等，但我们觉得我们最缺的就是搜索引擎，我们当年跟任何年少气盛的人一样，每个人都希望快点赢，就怕时间不够，今天我反而沉静下来，我觉得很多人都一样，第一天的梦想都很美好，但是走着走着发现自己都忘了第一天想的是要干什么，我们现在问自己，我们为什么要收购雅虎搜索引擎，我们是希望我们成为跟现在Google、百度一样的搜索门户？还是只为我们的电子商务服务？”

“我们第一天是说为电子商务服务，为什么不返回到电子商务的轨道上，这样一沉静下来我们就觉得，我们不需要做得很快，但是我们必须做得很好，必须做得对中国的网民和电子商务真正有用……如果没有搜索引擎的帮助，我们的电子商务就很不完美。”马云这样说。

正是因为马云认识到阿里巴巴在行进过程中出离了最初的梦想，所以他们又返回了电子商务的轨道上。这种自省的能力和不断调整到沿着梦想前进的勇气才是成功的关键因素。一个企业如此，个人也是如此，当你走着走着就忘了最初梦想的时候，当你只顾着奋斗却不知道为什么奋斗的时候，你有勇气反省自己吗？如果你认识到这个问题，你能够像马云一样返回头沿着自己的梦想继续向前吗？能与不能，是决定你是否胜出职场的关键因素。

认识到必须坚持阿里巴巴最初梦想的马云，为了让现在的路线与最初的梦想相符合，立即对雅虎进行了调整。继续看看马云是如何大刀阔斧地为雅虎瘦身的吧。

正是基于“电子商务+搜索”的战略，马云决定为雅虎中国“瘦身”，将雅虎中国的所有业务按未来的电子商务方向进行取舍。雅虎中国原来“门户+搜索”的战略被马云重新定义为“搜索”。无线业务第一个被砍掉，理由是“与色情沾边，不健康”；牛皮癣广告也被毫不迟疑地拿下；一搜被叫停；一拍被淘宝合并；最后只有娱乐、体育和财经被保留了下来。

对保留娱乐、体育和财经的内容，马云是这么看的：“对我们来讲阿里巴巴一贯帮助中小企业成长，帮助企业成长是我们的目的。第一，财经是企业成长的必要新闻，财经做起来是我们的拿手戏，中国900万家企业需要财经。第二，体育是健康的标准。第三，娱乐是快乐的标准。所以我们的定位：和谐社会三要素，财经是富有、娱乐是快乐、体育是健康，富有、快乐、健康就是和谐社会，我们做网站也是往这个方向走的。但是我们的娱乐不会走向低俗，娱乐必须引导未来的趋势，娱乐只有代表趋势、代表时尚的时候才是真正的娱乐。所以我们会全力投资娱乐上的发展。我看过《天下无贼》后才明白黎叔说‘人才多重要’的道理，娱乐是代表未来，如果不能把握未来，就像今天不知道‘超女’，你可能不知道这世界上很多事情在变化，所以娱乐是一种趋势。”

雅虎中国经过马云大刀阔斧地删减后，其搜索引擎吸引了更多的企业客户。这正是马云想要的结果“我们不需要在市场份额上同百度一争长短。对于那些对做生意和赚钱不感兴趣的用户，我们不需要，他们可以去百度。我们主要的焦点将集中在高端用户上。”

当然，在电子商务这条道路上，阿里巴巴要走的路还很长很长。“放弃是很容易的，但我们决不会放弃我们第一天的梦想！”这就是马云的态度。**只要不忘记自己第一天的梦想，始终沿着最初的目标走下去，就会距离梦想越来越近。**

一个企业返回到走自己最初梦想的道路要比个人难得多，那么你个人能否做到不断反省自己，每天都明确自己的目标和方向吗？勇敢地坚持最初的梦想吧，持久地坚持梦想并为梦想打拼，你将迎来只属于自己的灿烂明天。

持久的激情才有价值

人在激情的支配下，常能调动身心的巨大潜力，但如果你只是一时心血来潮才想起自己的目标，然后有那么一阵子充满激情、积极上进，那你永远也达不到目标，短暂的激情不值钱，只有持久的激情才有价值。

不要说你只有激情没有机会，那是你在为自己找借口，这样的借口只能说明你耐力不够。借口太多的人永远也实现不了目标。不要总以为自己的起跑线比别人低，也许你的起跑线比一些成功人士要高得多。

来看看马云的起跑线吧：马云出生于西子湖畔的一个普通家庭。与中国商界很多叱咤风云的人物不同，马云既没有名校背景，也没有海外留学经验。从小到大，马云所就读的学校都是三、四流的，大学还考了3次才考上。由于本科班没招满人，离本科线还差5分的他才幸运地上了本科班。

可以说，马云大学之前的经历平凡得不能再平凡。正是他，这个平凡的人凭着不断往前的激情和永不放弃的精神一手打造了阿里巴巴这个全球电子商务的著名品牌，改变了“全球商人做生意的方式”。

一个起跑线比别人低的人，不一定就是输家，除非你停下前进的脚步，否则你一定能赢。

马云是个赢家，赢家的经验和心得总是值得学习和借鉴的，看看马云从起跑到成功这一路走来的经验和心得吧。

人首先要有梦想

这很重要，如果没有梦想，为做而做，肯定做不好。

一个人最重要的是非常喜欢这件事情，太爱这件事情才去做，不是因为别人一句话灵机一动去做。你就想做好它，喜欢它，做梦也想做的事情，再往前走可能会更好一些。

要有坚定的毅力

有一个美好的设想过程，但是往往走到那里不一定美好，你要告诉自己每天走过的路当中碰到的事情会很多。另外，所谓的毅力，你期望的最好是失败，不要寄希望于自己成功——这个可能和大家是为了结果不同。所经历的东西都不一样，想法也是不一样的。从起跑的第一天到现在为止，我经常提醒自己，我是为了经历而不是为了成功。

要有乐观和主动的心态

面对各种无法控制的变化，真正的勇者必须懂得用乐观和主动的心态去拥抱。当然，变化往往是痛苦的，但机会却往往在适应变化的痛苦中获得。

要学游泳请先下水

刚开始做互联网，能不能成功我也没信心。只是，我觉得做一件事，无论失败与成功，总要试一试，闯一闯，不行你还可以掉头；但是你如果不做，总走老路子，就永远不可能有新的发展。

一定要有一个优秀的团队。

光靠一个人单枪匹马不行，边上这批人也必须为了梦想和你一样疯狂热情，而且这个梦想还必须做出来。

▶ 没有先后

成功没有先、没有后、没有大、没有小，每一个人都是在同一起跑线上。

▶ 一定不能浮躁

在学校教书的5年，给我的好处就是知道了什么是浮躁、什么是不浮躁，知道了怎么做好点点滴滴。那就是一定不能浮躁。

▶ 要永远露出笑脸来

永远要把自己的笑脸露出来。不要让你的脸看起来好像很痛苦的样子，很难想象一张痛苦的脸可以给人带来快乐。所以快乐是需要展示出来的，你要把自己的快乐展示出来。

▶ 不需要好话

别人认为我讲话比较狠，比较钻，下笔比较锋利一点儿，因为我觉得我是不需要听好话的，你最好需要听真实的话，这是我想说的。那些私下忠告我们、指出我们错误的人，才是真正的朋友。

▶ 不能太在乎别人对你的看法

我并不在乎别人怎么看我，但我在乎自己怎么看这个世界。

那时候别人都以为我是骗子。从那时候起我就被许多人骂过，有人骂我是骗子，有人骂我是疯子。现在有人称我为企业家。我觉得都无所谓，我向来不管别人怎么评论我。那时候非常疯狂，非常执著。我常常对年轻人说，如果做一件事，你一定有为它献出所有的准备。哪怕别人都骂你，都嘲笑你，都以为你不对。我是从那个阶段过来的。我甚至准备好，哪怕失败了，一无所有了，我也要坚持下去。

▶ 书读得不多没关系，就怕不在社会上读书

最好的大学就是社会大学。

最大的快乐就在于在过程中去学习，去提升。

永远激情下去

短暂的激情是不值钱的，只有持久的激情才是值钱的，而激情不能受伤害。

阿里巴巴是一批有激情有理想的年轻人聚在一起，为想创建一家伟大的公司而成立的。这件事从未有人做过，要逐渐地完善，需要所有人的配合。年轻的团队容易产生激情，但更容易因挫折而失去激情。在兵荒马乱的时期要长时期保持激情，对一支年轻的团队而言尤为艰难。但艰难时期更需要激情，从工农红军到1949年全国解放，中国共产党凭着坚强的信念和永不放弃的激情取得了成功。激情应该是永远留在心中的。短暂的激情只能带来浮躁和不切实际的期望，它不能形成巨大的能量；而永恒持久的激情会形成互动、对撞，产生更强的激情氛围，从而造就一个团结向上、充满活力与希望的团队。

永不言败，永不放弃，是对自己人生和职业生涯的一种态度。一个有追求的人会不断唤醒自己的激情，并用自己的激情去影响四周的人。得过且过不是一个有理想的人的作风！

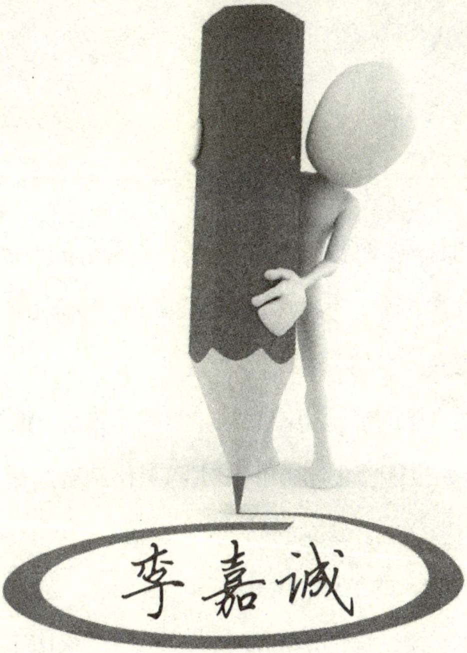

2 尊严来自实力，实力来自拼搏

当你的内心强大时，当你的实力足够强大时，你就能够展现自我、创造一切。

在逆境的时候，你要自己问自己是否有足够的条件。当我自己在逆境的时候，我认为我够！因为我勤奋、节俭、有毅力，我肯求知及肯建立一个信誉。

一个人凭自己的经验得出的结论当然是最好，但是时间就浪费得多了，如果能将书本知识和实际工作结合起来，那才是最好的。

如要取得别人的信任，你就必须做到承诺，在做出每一个承诺之前，必须经过详细地审查和考虑。一经承诺下来，便要负责到底；即使中途有困难，也要坚守诺言，贯彻到底。

只要勤奋，肯去求知，肯去创新，对自己节俭，对别人慷慨，对朋友讲义气，再加上自己的努力，迟早会有所成就，生活无忧。

身处在瞬息万变的社会中，应该求知，求创新，加强能力，在稳健基础下力求进展，居安思危，无论你发展得多好，你时刻都要作好准备。

让你的敌人都信你

一个人靠什么独占鳌头呢？靠伎俩、靠捷径吗？要知道一些靠所谓的捷径取得的成功早晚有被看穿本来面目的一天。人最可宝贵的品格就是诚信，没有诚信的品格，热情就会变成逢迎，谦虚就会变成虚伪。诚信是做人之本。没有诚信的人会欺诈而不讲信誉，进而朋友弃之，客户断之，失败是其必然结果。反之，以诚待人则有义，于是朋友如云，机遇迭至，成功自然不在话下。

一个人如果想在不断的打拼中获得成功，就要先学懂得做人的成功学问。有人问过李嘉诚“做人成功的要诀是什么？”李嘉诚回答说：“我认为做人成功的重要条件是：让你的敌人都相信你。要做到这样，第一是诚信。我答应的事，明明吃亏都会做，这样一来，很多商业的事，人家说我答应了，比签合约还有用。除了诚信，第二是自强不息，第三是要追求知识、准确的讯息。”

在这三个条件中，李嘉诚把诚信看的比自己的生命还重要，他不止一次强调诚信对自己成功的重要性。“当你建立了良好的信誉后，成功、利润便会随之而至。”人们相信李嘉诚的“诚”，相信李嘉诚的“信”，相信跟着李嘉诚不会吃亏。李嘉诚人如其名，其诚可嘉。“李嘉诚”三个字就是金字招牌。

有关“诚信”，李嘉诚还讲过这么一段小故事：

曾经，我有个对手，人家问他，李嘉诚可靠吗？他说：“他（指李嘉诚）讲过的话，就算对自己不利，他还是按诺言照做，这点是他的优点。”答应人家的事，错的还是照做。让敌人都相信你，你就成功了。

举个例子，有一次，我们将和一家拥有大幅土地的公司进行合作，他们公司有个董事跟其他的同业是好朋友，有利益的关系，就说为什么要跟长江集团合作，而不考虑其他的公司？他们主席（指董事长）说，“跟李嘉诚合作，合约签好以后你就高枕无忧，麻烦就没有，跟其他的人合作，合约签好后，麻烦才开始。”

这是家大公司，公司全部的人包含高级主管都知道，结果没有人敢讲话，所以一次会议就通过。这个案子，长江集团赚了很多钱，对方也赚了很多钱，是双赢。

可见诚信能聚人心；诚信能聚财；诚信能创造双赢。李嘉诚的诚信成为生意合作上的第一要义，那么我们还是一个在职场中奋力前行的人，我们的诚信能起什么作用呢？

要知道诚信的建立非一日一时之功，这是一个长期的过程。职场上与客户的交流合作，与上司的沟通相处，如果没有诚信做基础，很难建立自己的人脉、威信和地位。这些都是你打开局面、走向高处的台阶。

李嘉诚在商业合作中的诚信和理性是每一个职场人都应该学习和借鉴的。来看看李嘉诚在商业合作中的诚信吧：如果说李嘉诚在商业上的成功来自于他经商技巧的精妙，那么诚信更是他成功不可或缺的根本所在。正是李嘉诚本身固有的诚信品格，才使得长江塑胶厂在20世纪中期的质量风波中转危为安，才使得长江塑胶厂在进军欧美塑胶花市场的竞争中独占鳌头。

在一个商业社会里，“贪婪”是商人们的本性，钱赚得越多越好。但李嘉诚却是个例外，对于送到面前的、利润非常诱人且法律也准许的赚钱机会，如果他认为是不应该做的，违背了他对客户们承诺的“共享共荣”的诺言，那他情愿牺牲这次赚钱的机会也不会昧着良心去做。可以毫不夸张地说，李嘉诚是“厚德载物”的一代儒商。他以自己的实际行动打破了人们眼中唯利是图的商人形象。

俗话说：“百金买名，千金买誉。”一个人失去了诚信，就等于失去了一切，即使想恢复自己的声誉，也会在自己的履历留下不光彩的污点。只有真正认识到“诚者，天之道；思诚者，人之道”的道理，把诚信当成做人的基本要求，树立追求诚信的自觉，才能奠定重建诚信的坚实基础，构筑成功的前提。

“对人诚恳，做事守信，多结善缘，自然多得朋友帮助。淡泊明志，随遇而安，不作非分之想，心境安泰，必少许多失意之苦。”李嘉诚的一言一行都恪守着自己的诚信原则，更让他获得了巨大的商业机会，他由一个逃难到香港的穷小子，在短短几十年之内迅速成为了世界十大富豪之一，成为连股神巴菲特都赞誉有加的大企业家。至此，我们没有人会怀疑李嘉诚经商的天赋，但他的经历带给我们更多的启示是：**讲诚信必**

然有威信，在职场中建立起来的威信将为你带来更多的资源和机会，所以在众多想得到机遇的人中，你一定是独占鳌头的那一个，你必将取得巨大成功。

不适应环境，就打不开局面

有些时候，即便你愿意努力打拼，即便你愿意以出色的成绩赢得公司上下的信赖，也不见得就有努力的环境。总有一些外界环境的变化会超出你想象。因此不断学习以适应环境，进而创造新的环境，是一种最重要的能力。

南加州大学领导学院创办人沃伦·本尼斯（Warren.Bennis）在《奇葩与怪杰》一书中曾说过："适应力是每个人在面对生命的起伏不定与阴晴圆缺时，仍然能够活得精彩的能力。有人能从磨练中吸取智慧，有人则在类似的经验中受伤屈服，成功的领导人和普通人的差别就在于此。"

在现实生活中，有很多人总是因为在进入一个新环境后，无法适应环境，而很难打开成功的局面。这其中的根本原因就是缺乏顺应环境、突破自己、使自己与环境融合的能力。

要想在一个新的环境中取得成功，第一步要做的就是适应环境。只有适应了环境，才能在不利的环境中生存下来，而进一步去改变环境。英雄与时势的问题，在一定意义上也就是人与环境的问题。达尔文在《进化论》中谈到的"物竞天择，适者生存"，实际上说的就是这个意思。

出生、成长在广东潮州的李嘉诚，之所以能够成为香港举足轻重的人物，就是因为他跟随家人逃难到香港之后，能通过不断学习去适应香港的固有环境，再通过自身努力去改变自己的生存环境。

初到香港，李嘉诚的父亲李云经就明智地发现香港是一个拜金主义盛行的、竞争异常激烈的商业社会。于是，喊了半辈子教育救国的他迫于生存环境的压力，也不得不努力对自己、对孩子的教育做出改变，从而使全家人与香港的实地环境相融合。

首先，李云经放下读书人的架子，在一家潮商开的公司里谋了个小职员的工作来养家糊口。

其次，李云经不再以古圣先贤的风范训子，而是要求李嘉诚“学做香港人”。他告诫李嘉诚兄妹说：“如果想在香港很好地生存下去，就必须把自己变成香港人。”

这种突破说起来容易，但要做到真正的转变很难。如果我们在职场中遇到类似难度的环境，需要自我突破去适应环境，那么你会坚持吗？放弃将意味着你前期所有的努力都前功尽弃，而突破自己适应环境，之后驾驭环境，你就能够看到柳暗花明的另一番喜人景象。

来看看李嘉诚是如何努力适应并突破环境的吧：从一个地道的潮州人变成一个合格的香港人，说起来容易做起来难啊。那么怎么办呢？李嘉诚用行动给出了最好的回答——从头开始，努力突破自己，适应新环境。

“学做香港人”，首先必须学会两种语言：一是要学会广州话。在香港不懂广州话，可以说是寸步难行，因为香港的大众语言就是广州话。虽然李嘉诚是广东人，但对广州话可以说是一窍不通，因为广州话属粤方言，而李嘉诚的家乡话——潮州话属闽南方言，两者相差很大，这无疑给他学说广州话增添了不小的难度。

二是要攻克英语关。因为香港长期处于英国的殖民统治之下，所以英语是其官方语言，同时它也是香港上流社会的重要交流工具。另外，香港是一个国际化的大都市，掌握了英语，就能够更多、更快、更直接地接受西方文化，从而更好地从事国际间的经济文化交流。广州话李嘉诚尚且不会，英语就更不用说了。

鉴于此，李嘉诚就把学说广州话和英语当做头等大事来对待。为了学好广州话，他虚心地拜自己的表妹表弟为师，勤练不辍、坚持不懈。付出总是有回报的，很快，李嘉诚就练就了一口流利标准的广州话。

李嘉诚是如何攻克英语难关的呢？

李嘉诚从不讳言自己英语底子的薄弱，他说："我的英文不算好，由ABC开始，都未学到Z，日本仔的飞机已经到处放炸弹。" 在畅谈自己学英文的经验时，他说："正规教育我受过很少，但非正规的教育我肯学。"

为学英语，李嘉诚使出了狠劲，几乎到了走火入魔的地步。上下学路上，他都是边走边背单词；夜深人静，人们都睡下的时候，为了不影响家人休息，他又独自一人跑到户外的路灯下朗读或是背诵英文。

后来父亲病故，李嘉诚辍学到茶楼、到中南钟表公司当学徒，辛勤劳作10多个小时之后，他仍然不忘鼓足精神学习英语。在工作间隙，为避免招致老板的训斥和茶客的嘲笑，他常常躲在墙角快速拿出写好英语单词的纸片看一眼。

在创办自己的塑胶厂时，李嘉诚也坚持英语学习。他还订阅了英文《塑料》杂志，既学英文，又了解世界最新的塑料行业动态。内在的超强记忆力加上外在的勤奋苦学，李嘉诚终于逾越了英语难关，能够比较熟练地运用英语进行书写和会话。

当年，懂英语的华人在香港社会是“稀有动物”。李嘉诚的努力没有白费，英语给他带来了无法估量的巨大财富。凭借熟练掌握的英语书写与会话能力，李嘉诚可以独自飞往英美，参加各种展销会，可以直接与外籍投资顾问洽谈生意，与银行高层谈论融资，大大加速了自己商业帝国的成功构筑。至于李嘉诚后来大规模的跨国经营，就更离不开英语了。

与其说香港改写了李嘉诚的人生之路，造就了一代商界俊杰李嘉诚，不如说是李嘉诚适应了香港、战胜了香港，打造了属于自己的一片天地。从这里我们可以看出，**能够在不利的环境面前直面现实，果断地改变自己以顺应环境，是诸多成功元素中的重中之重。**

做仁慈的狮子

在职场中只有仁慈是不够的，有时候你的仁慈会带给你更多的失落和伤害，这些让你心灰意冷的情绪会影响你的发展，动摇你的梦想。有一颗仁慈的大爱之心是一个人走向成功的高贵品质，但在用你的仁慈之前，你要先提升能力。职场上最过硬的是什么，是能力，如果你具备了超强的工作能力，具备了别人不具备的更多优势，你就是一头狮子。可怜的小猫的仁慈常常没有表达的机会，而狮子的仁慈却是富有价值和感召力的。这其中的原因与世情的因素密不可分。

李嘉诚曾说："以往我百分之九十九是教孩子做人的道理，现在有时会与他们谈论生意……但约三分之一谈生意，三分之二教他们做人的道理。因为世情才是大学问。"

说到李嘉诚，我们首先想到他是个大富翁，但却很少人想到他是个富有人格魅力、EQ甚高的人。他的这种魅力的最好体现，就是他非常懂得世事人情（就是待人接物的态度）。无论是与高层职员谈话，还是与低级员工相处，他总是笑容满面，非常客气。而这些东西在书本上是学不到的。

沿着他的思路，我们可联想起中国的一句老话"世事洞明皆学问，人情练达皆文章。”一个人要做好任何事情，都离不开“世事洞明”和“人情练达”这8个字，对于有志于在职场中积累经验和磨练性格的人来说尤其如此。

李嘉诚常告诫自己的儿孙说，“做人如果可以做到‘仁慈的狮子’，你就成功了！**仁慈是本性，你平常仁慈，但单单仁慈，业务不能成功，除了在合法之外，你更要合理地去赚钱。但如果人家不好，狮子是有能力去反抗的**。非常好的一个人，但如果人家欺负到你头上，你不能畏缩，要有能力反抗。”

李嘉诚的这句话是告诉大家怎样做人，怎样做一个即优秀又强大的人。“做人重于经商”是李嘉诚认同的天下最聪明的生意经。李嘉诚认为把做人的原则放在首位的人，才能成为一代大商人。在他看来，那些眼珠里只有钱，为得利益而不择手段的生意人，充其量一辈子只做个小商人。只有那些心明眼亮，懂得把做人的利害关系放在第一位，以诚待人的人，才会树立起自己的人格品牌，再把人格品牌转化为无形的资产，如此才是能真正成就大事业的人。

对于做人的关键点，李嘉诚是这么认为的，“做人最要紧的，是让人由衷地喜欢你，敬佩你本人，而不是你的财力，也不是表面上让人听你的。”但世界上的任何一个人都是非常精明的，要令大家信服并喜欢你并不容易！

这世界错综复杂又异彩纷呈，没有一条路是畅通无阻能够让你一番风顺走下去的，只有具有反抗能力的人才有更多的机会走向成功。

仁慈是天性，而强大却是练出来的，命运对任何人都是公平的，不要只看到成功人士人前的鲜花和掌声，隐藏在他们背后的辛酸苦辣又有谁能清楚呢？假如你现在从事的是一份卑微的工作，你总是抱怨它与你的身份不配，埋怨上天的不公，于是你就破罐子破摔，那么你什么也得不到；反之，如果你抱着“天将降大任于斯人也，必先苦其心志，劳其筋骨，饿其体肤”的乐观心态，将这份工作作为训练自己的毅力、培养各种能力的手段，以及了解社会人情事故的途径，那么你将大有收获。

在当今社会中，我们还常常看到这样一种情况：一个大学毕业生满怀希望地离开校园踏入社会，本想凭借自己的满腹经纶大展伸手，可结果往往事与愿违。因为他们不懂得处理社会关系而处处碰壁。反而是那些并未上过几年学的小混混，虽然缺少文化知识，但却因富有社会知识，懂得世态人情，而在社会生活中游刃有余，如鱼得水。

身处职场，世情的因素不允许没有能力的人过多展现仁慈的价值，在充满竞争的环境里，强大能让人更胜一筹。你有仁慈的品质，说明你有迈向更高处的襟怀，但只有成为一头狮子你才有走向更高处的机会。

建立自我，追求无我

与同事或领导的工作交流中，你让对方感觉到压力了吗？“追求无我”是让一个人不给别人压力，不因为你的出现让别人不舒服，并且要在任何时候，能够化为无形，化为一种德，化为一种道，化为一种精神和感知，情感的力量。

凡是能够取得成就的人，都善于把自己的姿态放得很低。用李嘉诚先生的话说就是“建立自我，追求无我”。“建立自我，追求无我”是李嘉诚的人生哲理、成功之道，也是他对自己人生感悟的高度概括。李嘉诚就是凭靠这一理念赢得了几十年来所有人给他的商业机会和资源，成就了他的一生。

什么是建立自我呢？建立自我首先要从了解自我开始，先天拥有什么样的悟性，适合从事何种职业；然后再辅以后天培养的兴趣爱好进行修正、修行；最后努力学习，把握机遇，艰苦奋斗，塑造出自己完善的人格，让自己强大起来，变成一个英雄，让大家感觉到你的存在。这就是“建立自我”的过程。

塑造完善的人格，这是一个漫长的过程，正如屈原所言“路漫漫其修远兮，吾将上下而求索。”谦虚、真诚、宽容、公平、至强、至美、至精、至善，等等，都需要克服自身的弱点来完成。当你建立了真正的自我之后，也就雕刻出了你理想中的天使！

那么，怎么追求无我呢？**别把自己看得高人一等，把自己融入到生活和社会之中，不要给大家压力，让大家感觉跟你相处就像跟家人、朋友那样的自在、平等、和谐。**让大家感觉不到你建立的那种自我的存在，可以以一种平常人的姿态来接纳你，欢迎你，敬佩你。这就是“追求无我”的境界。

从摘自冯仑（现任万通地产董事长、全国工商联住宅产业商会轮值主席。著作有《野蛮生长》，译著有《狂飙突进——马克思的心路历程》）博客的一篇博文里，我们看到，李嘉诚以自己的实际行动完美地演译了自己“建立自我，追求无我”的座右铭。

在那篇博文里，冯仑叙述了自己在2006年秋天，与牛根生、马云、江南春等人，一同前去香港拜会李嘉诚，与李嘉诚一起吃饭的过程。

大约是前年秋天，我跟牛根生、马云、江南春等近20人，一起去香港拜会李嘉诚。我们对做小人物都很有经验：见大人物，我们要早到；要把显要位置留给大人物；要双手捧着名片给大人物，而大人物没有名片；大人物会讲几句话，然后合影，他站中间，我们站边上；吃饭时大人物坐主桌的主位，我们坐边座，或者在另外一张桌子上。吃完之后，也许还没吃完，大人物就会说因为忙先走了。

但是我们见李先生的时候，所有的程序都没有这样发生。当我们到了顶层的时候，一开电梯李先生已经站在那里了，还给我们发他的名片。一个服务生端着盘子让我们拿号，告诉我们吃饭时抽到几号就坐哪张桌子。李先生考虑得很细，避免你尴尬：今天你坐在哪张桌子上，并不是因为你的地位，而是因为你的运气。

之后，我们请李先生讲话，但李先生说自己没有准备讲话，大家说一定要讲，李先生就说："那我把生活当中的一些体会与大家分享吧。"然后看着几个老外，用英语讲了几句，又用粤语讲了几句，把全场的人都照顾到了。

李先生讲的是"建立自我，追求无我"，这是做人的最高境界。

我还发现，每一张桌子上都给李先生留了一副碗筷，他每个桌子平均坐15分钟，所有的人跟他接触说话的概率是一样的。结束时，他跟我们握完手后，突然发现离二三十米远的桌子旁还站着服务生，他又跑过去跟服务生握手。然后送我们到电梯，一直等所有人都走了，他才离开。

这就是李嘉诚，一个让人对他的存在感觉不到压力，对他的行为感觉不到自卑，对他的言论感觉不到渺小，对他的财富感觉不到恶心的一个成功的人。

李嘉诚从小就爱听故事，因为从别人的生活中可以有所领悟。李嘉诚通过比较中国古代范蠡和美国富兰克林两位标杆人物的故事，对"自我"和"无我"有了更深刻、更透彻的认识。

李嘉诚最能体会范蠡的孤独。一句"飞鸟尽，良弓藏；狡兔死，走狗烹"成了他传世的主轴，说尽了他对当时社会的悲观与冷漠。范蠡，春秋时代著名政治家。他不仅工于谋略，辅佐越王勾践成功复国；还富有博学及系统化的经济思想，弃政从商后凭借自己的经济智慧赢得了巨大的财富。

"吴王亡身余杭山，越王摆宴姑苏台。"在越国举国欢庆复国之时，范蠡又看透时局，离越赴齐，变名更姓为夷子皮，带领儿子和门徒在海边结庐而居。由于戮力垦荒耕作，又兼营副业并经商，没有几年，就积累了数千万家产。在齐国获得成功之后，他敏锐地察觉到嫉妒之火已经临近，于是散其家财，分给亲友乡邻，再一次出逃到陶国，自称陶朱公。

靠着贱买贵卖的惊世之才，在陶国他又积聚资财巨万，成了富翁。范蠡老死于陶。

史学家司马迁称："范蠡三迁皆有荣名。"史书中有语概括其平生："与时逐而不责于人"。

李嘉诚也有着与范蠡同样的遭遇：他超越自我几十年如一日生生不息艰苦卓绝地奋斗，却被曲解为"唯利是图"、"无商不奸"。但李嘉诚却采取了与范蠡绝然不同的应对态度，他不愿追随范蠡，他有着更高的人生标尺，而美国富兰克林的故事正好寄托了他的宏愿。

富兰克林，美国著名哲学家、政治家、外交家、教育家、科学家、发明家和音乐家。1706年生于波士顿，由于家境清贫而没有接受全面完整的科学理论教育。但他一直通过自学努力弥补这一遗憾，最终成为了一位在各方面都展现出卓越才能的人。

在从事印刷事业获得成功之后，富兰克林随即表现出了一个政治家的博大胸怀。自1748年开始，他相继开展了不同的公共项目，包括建立图书馆、学校、医院等。做好事、做好人是驱动富兰克林终生的核心思想，他极希望自己所做的每一件事都有益于社会或有用于社会，身体力行为后人谋取幸福。此外，富兰克林还是一个伟大的哲学家和教育家，他倾尽自己所有的物质、精神财富，用于建造社会能力（Capacity building），推动美国人更有远见、能力、动力和冲劲。

以表面"无我"追求实际"自我"的范蠡，是中国人的缩影，而"建立自我，追求无我"，却是使美国强大起来的一种精神传统。相对而言，富兰克林的"建立自我，追求无我"更能给我们以震撼。李嘉诚认为，富兰克林“利用他的智慧、能力和奉献精神建立未来社会”的做法要比范蠡的隐逸生活伟大得多，富兰克林的人生标尺，更能为自己的生命注入活力与激情，致使已近耄耋之年的他仍真诚地投入到建构一国精神山脉的工程之中。因为他知道，当我们的心灵强大时，我们便可以创造一切，享受一切。

最后，让我们以李嘉诚先生于2004年6月28日在长江商学院“与大师同行”讲座系列中的一段话作为年轻人在“自我”与“无我”迷茫中的导向标吧：**“今天的中国人是幸运的，我们经历着中国历史从来未见的制度工程，努力建设持续开放及法治的社会，拥抱经济动力和健康自我概念的发展，尽管未尽完善，亦不必像范蠡一样受制于当时的社会价值观，只能以‘无我’为外衣，追求‘自我’，今日我们可以像富兰克林一样建立自我，追求无我。”**

不断求知，坚持“抢学”

一个有理想有目标，在职场中奋力拼杀的人，只有能力是不够的。能力是工具，毅力是情商，情商越高你运用和驾驭工具的能力也就越强。这世界上不缺有能力的人，缺的是有毅力的人，单单有能力很难持久地坚持一件事，只有能力加毅力你的目标才能实现。毅力不是说有就有的，在努力向前的过程中，更重要的是你怎么做。来看看李嘉诚是如何用毅力坚持学习，走过他少年时的“抢学”之路的吧。

14岁，当李嘉诚还是一个为了生活而拼命做事的茶楼小伙计的时候，他的心愿很简单，就是赚取足够一家人生存的衣食费用。为此，他坚持把老板交付的每件事情都做得妥当、出色。除此之外，李嘉诚还深知“知识改变命运”，没有知识就改变不了命运，在踏实做工的同时他绝不浪费时间，把维持生活剩下来的每一分钱都用于购买实用的旧书籍。

书香门弟的熏陶，使李嘉诚抱定了一个信念，仅仅靠茶楼薪水养活全家不是自己的目的。要彻底摆脱生存维艰的困境，出人头地，必须学习文化知识。因为文化知识不但是一个人的能力之源，而且还是深造和达到高深境界的前提。没有知识便成就不了大事业。

李嘉诚是个善于行动的人，他是这样认为的，也是这样做的。艰困的学习环境中，李嘉诚表现出了惊人的毅力，正是凭着这股劲儿。他做到了别人难以做到的事情，为改变此时的命运和境况打下了牢固的基础。

茶楼工作异常辛苦，工作时间长达15个小时以上。那时的李嘉诚常常是“披星戴月上班去，万家灯火回家来”。但到家后，李嘉诚就立即忘记了工作的辛苦，马不停蹄地就着油灯苦读到深夜。生活的艰辛磨练出李嘉诚坚强的意志，使他终究没因香港战乱而放弃拼搏。尤其在学知识方面，他更是有着顽强的毅力：咬紧牙关，坚持做到学习工作两不误。

有强烈的求知欲望也摆脱不了现实的穷困，无钱买教材成了李嘉诚读书路上的又一“拦路虎”。靠工资，不可能，因为他的工资本来就微薄，除去全家生活开支和弟妹的学费，根本就剩不下几个钱；去借，不可行，因为他自小就心性高傲，不愿受人施舍，欠下人情。

可俗话说“车到山前必有路”，头脑灵活的李嘉诚想到了一个绝妙的办法。家具有二手的，汽车有二手的，那图书是不是也应该有二手的呢？通过留心考察，李嘉诚在街头找到了一家专卖学生用过的旧教材的廉价书店。

有限的钱使李嘉诚想多买几本旧教材都成了奢望，每次，他只买一两种。学完之后，他又折上折再把这些旧教材卖给书店。然后再将所得的钱买回“新”的旧教材。如此，既学到了知识又省了钱。李嘉诚的经商头脑可见一斑。

拿起破旧的教科书，李嘉诚既是学生，也是老师。在无数昏黄的油灯下，他摸索教学、出题的逻辑，寻找每个篇章的关键词句，模拟师生对话，自问自答。“孤独是他的能量，也是他的朋友。独处时，他脑海会开始做思想的挣扎，会不断自己抛问题、自己回答。”李嘉诚的一位友人这样说道。

年纪轻轻便肩扛重担的李嘉诚，凭靠毅力坚持学习。这样的努力，让那些懈怠的人们感到惭愧。抬头看看结果吧，看看身价过亿的李嘉诚，不要只羡慕他的成功，他的毅力你有吗？**任何一个人的成功都不是偶然。在走出职场走向成功的道路上，用毅力能人所不能是一个人取得成功必不可少的因素。**

学会跳槽，人往高处走

跳高的意义在于不断打破原有记录，取得新的成绩，让自己跳得更高是所有跳高运动员一直追求的目标。职场上的跳槽频繁出现，但是你的跳槽有意义吗？是不是也像运动员跳高一样追求提升。

来看看李嘉诚早年打工时跳槽的意义吧，你一定会受益匪浅。经过在茶楼一年多时间的磨练和成长，李嘉诚观察事物的心智和眼光也上了一个新的台阶，完成了一个从普通跑堂到优秀店员的转变。就在这个时候，舅父建议他到自己的钟表公司来上班。此时，庄静庵的中南钟表有限公司生意正隆，事业蒸蒸日上，在香港业界已占有半壁江山。

对于舅父的邀请，李嘉诚考虑了好长时间。此时的他早已不是当初那个莽撞的少年了，他认为，自己应该尝试从事新的职业，接受有挑战性的工作，钟表毕竟是一门构造复杂的技术，学会后肯定有前途。再说，在茶楼做事没什么发展，整天干一些粗活笨活，而且自己对这一行业已相当熟悉，没必要再做下去了。这次舅父又是主动让他去，当然不能辜负他的一番好意了。因此，他决定接受舅父的建议。但李嘉诚认为这是为舅父做事，不是接受恩惠。

李嘉诚的跳槽看得不只是收入，看得是未来、是发展，跳一次槽就能让自己的事业上升到一个新的起点，只有这样的跳槽才有意义。

来到舅父的钟表厂。李嘉诚依然要从最底层的小学徒做起，每天干一些扫地、倒垃圾、提水、跑腿的杂事。对此，他并没有埋怨舅父。他认为自己初来乍到，对钟表厂的情况一无所知，只有通过不断的学习，日后才能担当重任。

钟表公司打杂不像茶楼那么来回跑动，每当干完自己的工作后，李嘉诚总是静静地站在师傅旁边，一边学习、一边模仿。由于他超强的记忆力和深刻的悟性，没过多久，李嘉诚不仅学会了钟表的构造和原理，而且还能做简单的修理。

李嘉诚便在空余时间主动学习修表技术，这是一种多么可贵的学习精神呀。《蜗居》中的海藻曾抱怨老板苛刻，也曾对老板大吼说拿多少钱的工资就干多少钱的活。那么你呢？你在一次次跳槽之后是不是还抱着给别人打工，给多少钱就干多少钱的活的心态呢？**想要走出职场，最终拥有自己的一番天地，就要像李嘉诚一样，沉稳地分析跳槽的利弊，让跳槽成为提高自己的阶梯**。也要像李嘉诚一样积极主动地在工作细节和工作技能上提升自己，为日后的发展奠定基础。

后来李嘉诚被舅父安排到高升街钟表店当了店员。凭借着很强的适应能力，他在工作中如鱼得水，表现出很高的天赋，对每款表的产地、样式、功能等，他都能滔滔不绝地讲个透彻，令每位顾客都连连点头。凭借他的出色表现，高升店的销售额也比以前增长了不少。

由于在中南钟表公司的突出表现，李嘉诚的收入也提高了很多，除了家里的日常消费外，他尽量把节省下来的钱偿还爸爸治病时的债务。滴水之恩，涌泉相报。对那些曾经在危难关头给予他们全家帮助的人，李嘉诚更是铭记于心、千恩万谢，时常找时间去拜访他们。工作闲暇之余，他还不忘帮弟弟妹妹辅导功课。晚上，李嘉诚还到夜校进修，补习文化知识。同时，他还买了一些经商类的书籍，一有空便自学。

由此可知，胸怀壮志的李嘉诚，绝不想甘为人下，满足于现状。他正努力为未来的创业做最充足的准备。

那么你呢，选择跳槽之后，是选了自己喜欢的行业吗？选了自己喜欢的行业之后是不是只满足于上班努力工作，下班回家看电视这样的生活方式呢？不管什么人做什么事，有什么样的条件，身处什么样的环境，只要专心致志，勤奋刻苦，好学多问，坚持不懈脚踏实地做下去，自然会有功成名就的一天。所以说，勤奋是成就事业的关键，只要你肯下苦功做别人不肯做、不愿做的事。

从失败中总结教训，在教训中循序渐进

工作中有两宝，一是经验，二是悟性。这两者都是用金钱买不到的宝贵财富。想要压缩时间成本，就必须迅速积累经验，也必须用悟性感受和领悟一些没有人告诉你的工作要领和奥秘。

来看看李嘉诚是如何做到这一点的吧：为了寻求更为宽阔的发展空间，年仅17岁的李嘉诚毅然离开了舅父的中南钟表公司，来到一家名不见经传、没有任何名气的五金厂做了一名普通的推销员。尽管这份工作被别人瞧不上眼，但他自己认为这份工作非常好，不仅可以锻炼人，而且还可以学到一些新知识。

在开拓和选择中，你会在意别人的看法吗？如果大家都认为某个行业或者某个职业不体面、不起眼，你会有心理负担吗？如果你想要一个真正的拓展领域就不要有那些顾虑，像李嘉诚一样，选择自己认为有意义的事情才会有更大的收益。

李嘉诚在五金厂的主要任务是上门推销铁桶。刚到五金厂时，他仍然是全厂最年轻的一个工人，但他并不认为自己年轻就阅历浅。心高气傲的李嘉诚暗自发力，在短时间内，一定要做得和其他老推销员一样优秀，甚至超出他们。然而，事情并没有他想象的那么顺利，刚开始那一段

时间，他尽管使出了浑身解数，但屡屡遭到顾客的拒绝，时间一天天过去了，铁桶一个也没有卖出去。

对此，李嘉诚作了深刻的反思，认为在行销前自己必须做好充足的准备，同时，在行销过程中也要具备很强的应变能力。比如，调查客户需求情况，把握客户寻求心理，激发客户的购买欲望，建立并巩固与客户的关系。真正的推销艺术，书本里没有讲到，即使讲到也未必人人都能学会，从事推销工作，完全是靠在实践中摸索、领悟。但有一个很重要的前提，就是必须让客户信任你，然后才会信任你推销的产品。

一件事情只要开始思考就一定会有结论，也一定会找到解决的办法，但前提在于如果工作没有进展的时候，你是否会想到要停下来思考。想要成为一个出色的职场明星就要敢于并善于反思。

看看李嘉诚在仔细分析问题后得出的结论吧：**李嘉诚觉得自己经验不足，还得不断学习、不断观察，从失败中总结教训，在教训中循序渐近**。因为做推销和跑茶楼、当店员有所不同。同时他还觉得，要想取得别人的信任，首先，你必须讲真话、讲实话；其次，你必须注重自己的形象，其中包括你的衣着和姿势。形象好的人往往能给他人和蔼可亲的感觉，这是赢得他人信任的重要条件。

虽然生活很朴素，但李嘉诚为了提升自己的形象，特意买了一些衣服，虽不是什么名牌，但却相当整洁。除了在形象上修饰自己之外，李嘉诚还特别注重自己的言谈举止和交流技巧。在推销过程中，李嘉诚待人热情、谦和，说话温文有礼，客户对他的印象也逐渐加深。

此外，聪明的李嘉诚还总爱思考问题，琢磨一些非常规的推销办法。

当时，一些酒楼、旅店、店铺对五金厂生产的镀锌铁桶很是青睐。

所以，推销员们一拥而上，竞争相当激烈。李嘉诚却逆道而行，把目光投向了居民区。因为之前他经过调查发现，住宅区的家庭大多使用的是铝桶而不是白铁桶。假如平均一户家庭需要两只铁桶的话，居民区的铁桶市场就非常的庞大。事情果然如他所料，铁桶在这里很受大家欢迎。

还有一次，李嘉诚去一家新开业的旅馆推销铁桶，但不巧的是，这家旅馆的老板与另一家五金厂刚刚达成铁桶购买协议。然而，李嘉诚还是抱着试试看的心态与这个老板聊起了家常。从他口中得知，他儿子整天缠着他去看赛马，但旅馆开业在即，老板抽不出时间陪儿子。李嘉诚灵机一动，在小职员的安排下，自己掏钱带那位老板的儿子去看了赛马。

事后，那位老板对李嘉诚的这一举动非常感动，毫不犹豫地从李嘉诚手中买下380只铁桶。这不仅是李嘉诚做推销员以来做成的最大一笔生意，也是五金厂众多推销员中的最大一次。

在五金厂推销铁桶远远要比茶楼和钟表厂累，李嘉诚每天都要带着一些样品走先街串巷，车上车下，从早到晚，马不停蹄，走上百里路。由于他在茶楼积累下捶摸顾客心思的经验，一接触客户，李嘉诚便胸有成竹、游刃有余。往往成功率很高，他的业绩也与日剧增。

通过李嘉诚的推销成功可以看出，经验和技巧同时并重才能在工作中攻克难关、取得胜利。

李嘉诚推销商品之所以能超越其他推销员，就是因为他付出了高于常人一倍甚至几倍的努力。

经过学习和实践，李嘉诚已对推销工作有了独特的见解。他认为摸清市场动向，建立销售渠道，广交朋友，才能做好生意。他对香港各大区域、街道市区客户的需求与消费情况都了如指掌。根据不同产品的性能、款式，他马上就知道这批货往哪送，那批货又往哪送。由于他勤于动脑，乐于行动，很快成为五金厂业绩最出色的推销员。老板的生意也越来越红火，公司的名声也越来越响亮。老板常在其他职员面前激动地说：“李嘉诚是咱们五金厂里的第一功臣。”

为了褒奖和鼓励李嘉诚，老板亲自提出要给李嘉诚加薪，并提升他的职位。不料，被李嘉诚婉言谢绝了。更没有让老板想到的是，李嘉诚向他提出了辞职的请求。因为在推销铁桶的过程中，深谋远虑、富有远见的李嘉诚逐渐认识到塑胶产品不久将取代铁桶。因为塑胶产品有易于加工、使用方便、色彩丰富、美观适用等特点。所以，他决定再次跳槽到一家塑胶裤带公司。

为了感谢五金厂的老板，临别时，李嘉诚提醒老板要尽快调整产业，转行做其他事，但要尽量避免与塑胶制品冲突，否则后果不堪设想。后来，这家五金厂审时度势，积极转投生产系列锁，才避免了被塑胶制品冲垮的厄运。李嘉诚敏锐的洞察力，准确的判断力，由此可见一斑。

这个世界上，每个人都渴望成功，而成功的前提条件是勤奋。没有经过勤奋肯定不会取得成功。而你勤奋了，成功的机会就会大大增加，一般来说，勤奋和成功是成正比的。然而，世上勤奋者大有人在，成功者却屈指可数。为什么呢？

李嘉诚给出了我们答案：“具有判断力也是成功的重要条件，凡事要充分了解，详细研究，掌握准确资料，自然能做出适当的判断。”

知识提供机遇，知识改变命运

李嘉诚说：在“知识经济的时代里，如果你有资金，但是缺乏知识，没有最新的讯息，无论何种行业，你越拼搏，失败的可能性越大；但是你有知识，没有资金的话，小小的付出就能够有回报，并且很可能达到成功。”

在现今世界，知识和资金等同重要，是发明及开展未来的基础，会在无形间推动蓬勃的经济商机，让人有更好的选择机会，让人能更好地把握现在和未来。“知识就是力量”，这句出自英国哲学家和科学家培根的著名论断，就很好地诠释了知识的重要性。

别人不说，单是在亚洲首富李嘉诚身上，知识的重要性就被表现得淋漓尽致。

一个14岁就被迫中断正统学校教育的人，在60多年未间断的自学纪律下，拥有了不同格局的学识，创造了他人无法企及的巨大的商业帝国。李嘉诚对于“知识改变命运”深信不疑，他的财富因此而来，他的人生因此而不同，他是一个知识主义者。

18岁那年，李嘉诚为了寻求更为宽阔的发展空间，离开了舅父的中南钟表公司，应聘到一家名不见经传的小五金厂，做了一名普通的杂役小工。

一天，他所在的五金厂老板急需给朋友发一封信件，可文书那天偏偏有事请了假。被迫无奈的老板只能抱着试试着看的心态对手下的几个职员说：“哪个人比较会写信、字写得好一点的？”同事们不约而同地都把目光转向了一旁的李嘉诚，“他能写，他每天都念书写字。” 老板看着面前这个未满18岁的小孩子，有些担心，但苦于没有办法，老板把纸和笔递给了李嘉诚。

只半柱香的工夫，李嘉诚就把信写好了。信发出后，老板的朋友赞不绝口，“没想到你手下还有一位这么能写的高手啊，比原先那位先生写得好多了。” 这件事让老板对李嘉诚刮目相看，很快把他从做杂役的小工调至做货仓管理员，管理货物进出。

其后，李嘉诚又从货仓管理员，转为走街的推销员，因业绩突出，第二年就被提升为工厂总经理，管理200名工人及20名写字楼职员。

“知识改变命运。”每当李嘉诚回忆起这段往事，他都不无感慨地说，“如果自己当时没有一点文学底子，写信慢，也不通顺的话，也就得不到‘货仓管理员’这个职务。这个职务让我懂得了货品的进出、价格，懂得了管理货品。”

李嘉诚的学历并不算高，但他肯去求知，肯去创新，善于利用一切可以利用的资源去争取机会和发展事业。

知识对一个人、对一个国家、对一个社会的作用，是再怎样强调都不会过分的。需要特别强调的一点是，这里所说的“知识”不仅指课本内容，还指社会经验、文明文化、时代精神等整体要素。

单纯的书本知识本身不是力量，知识的力量在于使用、在于创新、在于活学活用。书本知识只有和人生的历练结合起来，才会形成改变和创造世界的现实力量，才能成就大事。谈到此，李嘉诚很兴奋地说了他当年的一段经历：

当我22岁开始自筹资金做生意，有一家贸易公司向我订购一批玩具输往外国。当时货物已卸船付运，可向对方收取货款。忽然，贸易公司的负责人来电通知，外国买家因财政问题，无法收货，但贸易公司愿意赔偿损失。根据我的判断，这批玩具很有市场，不愁顾客，所以那次损失我并没有向对方追讨，并与对方说："日后若有任何生意，我们可以建立更好的关系。"

在我开始转营塑料花的时候，我没有再把这件事放在心上。有一天，一位美国人突然找我，说经某贸易公司的负责人推荐，认为我的厂是全香港最大规模的塑料花厂，这令我一时语塞，因为当时我的厂房并不太大。后来我才知道，从前那家贸易公司的负责人，认识这位美国人，告诉他我是完全值得信任的生意伙伴，为我说尽好话。这位美国人最后给我6个月订单，更成为我的永久客户。他们所需的塑料花逐渐地全由我供应，我的塑料业务发展一日千里。

"吃亏是福"是李嘉诚待人处世的原则之一。做生意不怕吃亏，但这种"不怕"也需要以市场知识为依据，暂时看起来是吃亏的，但长远下去却是有利的。

知识的最大作用就是可以磨砺眼光，增加判断力。如果当时李嘉诚选择接受贸易公司的赔偿，那他所得到的也仅仅是那笔有限的赔偿费。但李嘉诚并没有这么做，他根据自己拥有的市场知识对那批玩具市场进行判断，得出的结论是这批玩具很有市场，不愁销路。

于是，李嘉诚顺水推舟，在外人看来明显吃亏的情况下（实际上并非如此，因玩具顾客不愁，所以他的损失十分有限），与对方建立了互信的关系，给自己留下了一个更大的发展空间。这也正好印证了李嘉诚在接受美国《财富》杂志采访时透露的3条经商诀窍之一——要让合作伙伴拥有足够的回报空间。（另外2条是：在别人放弃的时候出手；不要与业务谈恋爱，也就是不要沉迷于任何一项业务）

如此，才有了永久的美国客户，才有了长江塑胶厂的生意兴隆，才有了长江实业集团的成功上市，才有了李嘉诚的今天！“世界对我们有新的要求，我们要有新的准备。知识已不再是一门技能或一纸文凭。对这个世界的认知，大家要有多层次、多维全方位的视野、慎思明辨、客观论证及逻辑思维，这是现实生活可仰赖的成功方程式。”李嘉诚如是说。

有针对性地阅读

想要有所成就，就必须做好充分的准备，而且要用运动发展的眼光去看待事物、学习知识，只有这样你才能成让自己的羽翼越来越丰满，直到能够开辟自己的天地。李嘉诚说："要获得知识首先要有针对性地进行阅读，我晚上看的是关于资讯资料前景研究方面的书，我相信这个行业发展会非常快，未来两三年，电影、电视都可以在小小的手机电话中显示出来。我从不间断阅读新科技、新知识的书籍，不至因为不了解新讯息而和时代潮流脱节。"

最成功的人，一定是一个善于"知已之行、知已之止"，知道什么重要、什么不重要，懂得去正确做出取舍的人。香港十大首富李嘉诚就是这样一个人。无论是在充实自己的阅读内容选择上，还是在经营长实的投资决策中，李嘉诚都做到了"取舍有方，进退有道"。

李嘉诚一直都有坚持每天晚上看书的习惯。当被人追问起都看什么书时，李嘉诚如实回答说，"要获得知识首先要有针对性地进行阅读，我晚上看的是关于资讯资料前景研究方面的书，我相信这个行业发展会非常快，未来两、三年，电影、电视都可以在小小的手机电话中显示出来。"

此外，李嘉诚还表示，他从不间断阅读历史、哲学类的书籍。他非常喜欢历史，小时候历史考试都拿高分的。李嘉诚还说："就我的哲学来讲，我掺入了儒家，也掺入了释家，即佛教，同时还掺入了道家。你不开心的时候，拿这些书来看一看，你的心可以静一点儿。"

至于人物传记书，也是李嘉诚的最爱，无论在医疗、政治、教育、福利哪一方面，对全人类有所帮助的人他都很佩服，都心存景仰。

但是好读书的李嘉诚表示，有些书对自己并不适用，所以用不着去读。除了《三国志》和《水浒传》，他从来不看小说，也不看娱乐消息，新闻也很少看。这是因为超人要从小争分夺秒地"抢"学问，根本没有时间看此类消遣读物。

曾经的李嘉诚秘书，现在的长实董事洪小莲，就曾满怀谢意地说："如果当年我的老板不是李先生，就没有今日的我。"

原来洪小莲做秘书那会儿，没什么消遣，就用午休时间看报纸的娱乐版内容。正好被路过的顶头上司李嘉诚看到，说"看这些东西，没有益处，只会浪费时间。"当时，洪小莲还不服气，认为李嘉诚是多管闲事，"休息时间我爱干嘛干嘛，关你什么事。就算浪费时间也是浪费我自己的时间。"

可事后，洪小莲仔细想想，觉得老板的话也不无道理。于是开始工余进修，通过学习充实自己。从一名普通的打工者，一步步坐上了长江实业集团董事的位置。洪小莲一直被看作香港打工族的传奇典范。

"就学识来讲，有所取，有所舍。电视要少看一点，小说要少看一点。跟你的行业有关的你一定要看，保持充沛的精力，脑子要静下来，不要太烦。"这就是李嘉诚给予众多迷茫青年的中肯箴言。像李嘉诚一样，建立并保持一种良好的习惯，通过阅读学习相关的专业知识，永远保持与时代潮流接轨吧，良好的阅读和学习习惯能托起你美好的明天。

追求最新的信息

李嘉诚说："一个人只有不断填充新知识，才能适应日新月异的现代社会，不然你就会被那些拥有新知识的人所超越。"

资讯科技的发展和进步为人类带来了革命性及戏剧性的彻底转变，全球迈向一体化、技术日新月异，当今社会已进入了一个知识更新周期非常短暂的时代。无论你以前做过什么、学过什么，对于以后可能都并不是很有用。要想紧跟这个时代的步伐，你必须不断吸取新的知识。要想让自己的能力和业界地位永葆基业常青，领头人和员工也必须注意知识的更新。只有不断充电，才能电力十足。

在李嘉诚看来，**做任何一个决策之前最重要的事，就是吸取经营行业最新、最准确的技术、知识和一切与行业有关的市场动态及讯息**。只有这样，才能对整个计划进行深思熟虑的、全面的考量，才能当机会来临的时候，马上采取行动，让自己轻而易举地在竞争中处于有利位置。

在《商业周刊》杂志采访时，记者问取得成功有没有什么原则可以遵循呢？"追求最新的information（信息）"李嘉诚脱口而出，"如果没有掌握跟自己行业有关的最新信息，你就极容易判断错误。在这种情况下，就算你再努力，失败的可能性也是很大的。"

追求最新的信息才能超越别人，才能在平凡中崛起。看看某条最新的信息给李嘉诚带来的财富和未来前景吧：1977年，李嘉诚以迅雷不及掩耳之势完成了长实上市以来的第一次重大收购案——收购香港希尔顿酒店，成为了掌握最新消息做出迅速决定的经典案例。收购希尔顿酒店所属的永高公司的交易金额高达2.3亿港元，却用了不到一周时间就完成了，效率不可谓不高。

能在第一时间与希尔顿酒店的会计师行（卖方代表）取得联系，在最短的期限内完成交易，这在很大程度上取决于李嘉诚的用心，李嘉诚的留心。

有一天，李嘉诚去参加一个酒会。在会场外面，他无意间听到两个外国人在谈论Texas（德州）有个酒店要出卖的事。听闻“德州”，李嘉诚立即便知道了他们所说的出卖的酒店是希尔顿酒店。

李嘉诚旗下的长江实业集团于1972年刚刚上市，由于底子不厚，加之土地资源及收租物业也不多，李嘉诚时刻在寻找着能获得稳定入息来源的项目。而据李嘉诚估计，全香港的酒店，在两、三年内租金会直线上扬，而永高公司又是一家上市公司，除了在香港拥有希尔顿酒店之外，在峇里岛还有凯悦饭店。在此时出手，将永高公司牢牢掌握在自己手里，无论对长实的现在，还是对长实的未来，都是最好的选择。

机遇是不等人的，在得知希尔顿酒店将要出卖的消息之后，李嘉诚等不到酒会结束，就跑到了希尔顿酒店的会计师行那里，告诉对方的auditor（稽核），他要买下这个酒店。

对方工作人员感到非常奇怪，李嘉诚的消息也太灵通了吧，下定决心出卖酒店也只是两个小时之前的事，他怎么就知道了呢？李嘉诚微微一笑，未做回答。

有人或许会问，既然这是块大肥肉，难道这起交易就没有别的竞争者吗？

这就是李嘉诚的高明所在了。刚才卖方工作人员也说了，决定出卖酒店只是两个小时之前的事，这就意味着没有人知道，或者说知道的人很少，从而减少了竞争对手的数量。再有就是李嘉诚出手非常快，在酒会听到出卖消息之后就马上给他在稽核行业工作的董事打电话。真是天助李嘉诚，他的那位董事和卖家的稽核是好朋友，这也加大了他成功收购的筹码。

永高公司被成功收购过来之后，长实公司的资产一年增值一倍。1995年5月1日，希尔顿酒店正式结业。李嘉诚将酒店连同其西面的拱北行（即政府新闻处旧址）和停车场一并拆卸，重建成了今日的长江集团中心。

李嘉诚的用心和留心以及快速地出手是值得每一个人学习的。好信息加迅速行动将给你带来无尽的财富，也让你成为一个永远不被超越的人。

身在职场，一个真正想做大事、有远见的人，要时时关注行业最新信息，估计自己未来发展的方向。永远追求行业的最新知识，肯创新、肯用功，这样你的事业能不断发展，并能获得最大的成功。

敢于跨越勇于开拓

在投身职场的人中，有才华者不在少数，有抱负者不在少数。但一直以来都是借助别人的平台发挥自己的价值，在翻耕别人的土地、播种别人的土地时播种自己的梦想，这需要一种兼容性——自己的梦想兼容于公司的梦想之中。这种情形只适用于成长阶段。一旦你在某个圈子内羽翼丰满，而公司又无法为你提供更高的发展平台，你应该说服自己摆脱依附心理，真正的成为自己。只有这样的成长才是职场人才的终极成长。**敢于跨越和开拓，并最终迈向自己的舞台的人，才是一个真正的善舞者。**

李嘉诚曾说：“当我作为一个打工仔，在开展业务受到局限时，我就想到要自己拥有一家工厂。几年来，我一直有一个理想，要建立一个属于自己的天地。在这个天地里，我可以不接受任何人的束缚。一切生意、一切经营方针和经营理念都由我自己来指导和决策。我要真真正正实现自我，发挥我的能力，我要为实现我的理想和愿望重新奋斗。”

人生最难的是如何迈出第一步，因为不知向何处去，又不知怎样行动。这就是“零起点”的痛苦。但反过来讲，“零起点”又是最具人生意义的，它能决定一个人一生的方向。成功人士往往在机遇到来的时候，能表现出准确的判断力，坚定信念和果断决策，从而跃上机遇的快车，成就人生的转折，走向辉煌。

解放战争后期，大批内地难民从陆路、水路纷纷涌入香港，使香港人口陡然剧增，到1951年已突破200万。这无疑给香港带来了巨大的廉价劳动力和市场容量。另外，帝国主义在华的利益备受打击，一些设在内地沿海城市的洋行也陆陆续续撤回香港。一时香港成为一个重要的转口贸易港口。此外港府一系列新政策的实施，也使香港逐渐转变成一个以塑胶、金融、地产、航运、仓储为主的加工贸易型港口。

所有这一切，都预示着香港经济将迎来一个新的春天。尽管此时"共产党要收复香港"的流言漫天飞舞，但李嘉诚对香港的前途仍充满信心，他相信香港的发展前景一片美好。创立自己的事业，现在是最好的时机，不抓住这个千载难逢的机遇，则悔之晚矣。

正是在这种社会背景下，李嘉诚从塑胶裤带公司辞职，选择了塑胶业作为自己的发展方向。这种选择是一种勇气，看似简单的选择，其实体现了一个人的心智、眼界和自信的程度。李嘉诚选择开拓自己的人生舞台当然说明他有不凡的眼界和超于常人的信心。但世上360行，李嘉诚为什么单单选择了塑胶业呢？

李嘉诚是基于3点考虑的：第一、他在先前的塑胶厂积累了丰富的全盘经营塑胶厂的经验，这完全可以作为他创业的本钱；第二，塑胶产品属新型产业，全部原料是进口，既可本地销售，也可海外出口，发展潜力巨大；第三，塑胶制品易加工、投资少、见效快，正适合他这样的小业主经营。

不管是打工，还是自己创业，都有必要对自己从事的行业前景有个清醒的认识，分析各种客观因素。一般情况下，当一个行业刚兴起的时候，往往有很大的发展空间，同时也意味着要有一个艰辛的经营过程。

李嘉诚明察秋毫，看到了这一点，也做好了充分的心理准备。

1950年夏天，长江塑胶厂在筲箕湾成立。厂房是李嘉诚从港岛到九龙，跑了一个多月，才在港岛东北角筲箕湾勉强租借到的一处廉价房。当中原因自不必说，一是由于大陆难民的涌入，香港房价一路飚升，工业用户就更不用说了；二是因为李嘉诚的现有资金有限，所以他只能租价格便宜的厂房。筲箕湾地处偏僻，交通不便，当然不是办工厂的好地方，但李嘉诚深知目前的艰难处境，暂时只能先租这房了，等以后羽翼丰满再迁到市区吧!

破旧的窗户，残缺的玻璃，漏洞的房顶，李嘉诚不得不拿出一笔钱来重新修缮。厂房里的压塑机亦是破旧不堪，是欧美淘汰的第一代塑胶设备，效率低下，毛病百出，落后得不能再落后了。唯一给厂里增添亮点的就是门口那块崭新的长江塑胶厂的厂牌。

李嘉诚脚踏实地，不动声色地靠着勤能补拙的“行街仔”的老作风为实现自己的抱负而默默努力着。塑胶厂招聘的第一批工人大多数是农民，厂里唯一的过胶师傅就是李嘉诚。他身先士卒带领工人从机器安装、维修到出产品，长期奋斗在生产第一线，起早贪黑，不分昼夜，每天要工作16个小时以上。除了这些，李嘉诚还要记帐、推销、规划市场、设计模型，业余还要自修。后来他干脆在工厂附近租了一间旧阁楼，这里既可办公，又可做仓库。那时的李嘉诚可谓是一个十足的工作狂。

就是在如此残缺陈旧的厂房里，李嘉诚和他的工人们一道开始了艰辛的经营历程。身为长江的当家人，李嘉诚并没有对这一残破的摊子丧失信心，反而踌躇满志、乐观阔达。有谁会想到，若干年后，这个曾经蹲着吃饭的穷困不堪的小小山寨厂的厂主，竟成为了香港塑胶界的领军人物。

李嘉诚后来成为商界的领军人物并非偶然，他的敢于跨越勇于开拓的精神，他做茶楼伙计、钟表学徒以及街头推销仔时对人对事的认知和积累，他在塑胶厂工作时经验和技术的积累成就了他开辟人生舞台的第一步。想要在职场奋斗中脱颖而出尽早实现自我价值，就要做到勤奋、积累和跨越。这样你才能更早更顺地登上自己的人生舞台。

3 哪有什么胜利，挺住便是一切

如果不想在40岁的时候仍然过着朝九晚五的打工生活，就必须主动争取自己想要的成功。不放弃才会有成就。

姜太公钓鱼的心态你体会过吗？他为了成功等待了80年。

能不能创业成功跟学位没关系，但跟好不好学肯定有关系。好学才能有成长的空间。

激情过剩了，有的时候会伤害人，在激情背后要增加你的宽容度和提高个人沟通的能力。

接受失败绝对是一种能力，任何一个人只有能够心平气和地接受失败和挫折，未来才能够做成大事。

人不要跟别人比，要跟自己比。跟别人比，会使得自己永远都不快乐。跟自己比，看到自己每天都在进步，你会很快乐。

人最重要的特质之一就是举重若轻，面对任何危机或竞争，哪怕是失败和死亡，都要做到举重若轻。

每种绝望的背后都蕴藏着另一种希望

栖身职场，我们不一定总是最亮的那一个，也许恰恰是不起眼的最容易被遗忘的那个，当你接近于被边缘化的时候，你自卑吗？当然这也许只是职场前期的一段路，但是你如何走过这段路，让自己从边缘化的角色中走出来呢？来看看新东方校长俞敏洪是如何走过那些被边缘化的日子找到属于自己的人生之路的吧。

俞敏洪考入北京大学后，没有突出的特长，没有显赫的背景，而且还在最重视语言的英语系，操着一口浓浓的江阴方言。“我记得刚进北大的时候我不会讲普通话，全班同学第一次开班会的时候互相介绍，我站起来自我介绍了一番，结果我们的班长站起来跟我说：‘俞敏洪你能不能不讲日语？’”俞敏洪被人轰到了自卑的最低谷。北大那几年的生活就是一段被边缘化的日子。

俞敏洪本科毕业留校任教，用他自己的话说："不是因为成绩优秀，而是因为当时北大公共英语迅速发展，师资严重缺乏，结果把我这个中英文水平都残缺不全的人留了下来。"俞敏洪的好感觉没多久，改革开放第一轮出国潮就开始了。出国留学在大学学生和教师中几乎成了身价的标志，成功的风向标。听说有朋友到国外去了，人们通常会羡慕得眼睛发红。

同班同学徐小平、刘江、包凡一、王强……陆陆续续地走了，剩下了俞敏洪。俞敏洪也和所有的年轻人一样，渴盼踏上他国的土地，看看外面精彩的花花世界。在《新东方成立十五周年感怀：岁月如歌》的文章里，俞敏洪这样写道：

我本来在北大悠闲自在地当老师，就像一只乌龟躺在舒适的沙滩上享受阳光一样，突然发现周围的人都像鲨鱼一样游到了大洋彼岸，于是在羡慕之余我也产生了横渡太平洋的冲动。

在职场中，你有过类似俞敏洪的想法和追逐风潮的想法吗？你付出过行动吗？想法落空后，或者中间出现其他小插曲之后，你怎么面对自己的职场生涯呢？当状况和我们预想的不一样时，你怎么找到属于自己的那条路呢？一起看看俞敏洪接下来的经历吧。

有了出国的想法之后，俞敏洪开始紧敲密锣地准备出国。1988年的俞敏洪由"醉里挑灯看三国"转为夜战TOEFL（Test of English as a Foreign Language，音译为"托福"。是由美国教育考试服务处举办的为申请去美国或加拿大等国家上大学或入研究生院学习的非英语国家学生提供的一种英语水平考试。只要去讲英语的国家读书，就必须参加托福考试。托福考试成绩是能否取得留学资格和签证的一块敲门砖）和

GRE（Graduate Record Examinations，中文名称为美国研究生入学考试。GRE是美国大学各类研究生院要求申请者所必须具备的一个考试成绩，也是教授对申请者是否授予奖学金所依据的最重要的标准），并最终通过了TOEFL和GRE考试，踏上了连续3年多的联系出国留学之路。

俞敏洪当时出国的目标并不是要上什么好大学，学什么热门专业，“如果有学校给我奖学金，学什么我都愿意，学宗教也行。”因为在那个年代，美国大学的学费最低也得2万美元（相当于人民币十几万元）。对于每月领取120元工资的北大教师俞敏洪来说，十几万元简直就是一个天文数字。

俞敏洪原本以为自己能申请到一两所学校的全额奖学金，“但美国人慧眼如炬，一眼就看出来我是个想出去混事的主，给我发了几张印刷得很漂亮的录取通知书诱惑我，但就是不愿意给我一分钱的奖学金。”俞敏洪自嘲地说道。

不久之后，事情有了转机。有一个美国大学愿意给俞敏洪提供3/4的奖学金。虽然大部分学费有着落了，但剩余1/4的学费，算起来也要3万人民币呢。单靠他微薄的月薪，还是难以支付的。俞敏洪不得不另想他法。

结合自己的亲身经历和时下炙手可热的出国热，心思活络的俞敏洪把眼睛盯在了校外英语培训上。1989年夏天，他穿着裤衩，趿着拖鞋走出北大校门，往来穿梭于北京街头各式TOEFL和GRE培训班，当起了代课老师。

走出这一步的俞敏洪原本是为了准备出国的学费，但接下来的事情却让他的一生发生了改变。

慢慢摸清了校外培训的门路之后，俞敏洪联手在国外进修了一年回到国内的同学王强，在校外办了一个TOEFL培训班。用俞敏洪的话说，“这个班应该算是新东方最初的雏形。”

而恰恰由于这一事件，俞敏洪受到了北大的严厉处分。处分理由是：俞敏洪打着北大的名义私自办学是非法行为，是不尊重北大的表现。这个处分除了在北大的高音大喇叭里连播3天之外，还在北大有线电视连播了半个月，并且北大教务处还将处分布告贴到了北大的信息集散地——著名的“三角地”宣传栏。

北大给予俞敏洪的处分可谓是毁灭性的，它一反北大曾经的规定——对教师的处分不对外公布，使俞敏洪在学生面前斯文扫地，颜面尽失。这种做法，无异于结束了一位教师的教学生命。

面对学生异样的眼神，俞敏洪知道：自己在北大待不下去了。1991年秋天，28岁的俞敏洪痛下决心告别了希望成为北大教授的梦想，将全部家当装上一辆三轮车，离开了让他梦牵魂绕又伤心不已的北京大学。

被“逼上梁山”的、一直在北大边缘人角色中徘徊的俞敏洪，出于无奈离开了“圣地”，脱下了北大教师的耀眼长衫，跃步扎进了“江湖”。**职场中有很多未知数，有时候，我们为了要实现某个目标去努力，反而在不知不觉中走向了与其相反的方向，在任何时候都保持向上的执着情感和奋斗精神，我们就能在复杂的充满变化的环境中找到属于自己的位置。**

用俞敏洪自己的话说：“北大踹了我一脚。当时我充满了怨恨，现在却充满了感激。因为如果一直混下去，我现在可能只是北大英语系的一个副教授。”

对俞敏洪来说，高考失败的背后隐藏了一个北大，而被北大处分的背后隐藏了一个新东方。这正好印证了他常常挂在嘴边的一句话——

“每一种绝望的背后都蕴藏着另一种希望！”

栖身职场的你如果也像俞敏洪校长一样有着坎坷而无法预测的经历，那就学习俞敏洪不肯放弃的精神吧，学习他勇于投身行动的行为速度吧，只要志存高远，你一定会找到属于自己的那片天地。

卸掉你背上的壳

有气度，胸襟开阔才能成就大事。大多数人都觉得自己很累、很可怜，怀揣着一颗踽踽独行的心来经历和应对别人无需对付的麻烦。一起来看看下面这个小故事吧。

小蜗牛背着一个重重的壳，他很累，于是他去问妈妈："为什么我们从生下来，就要背负这个又硬又重的壳呢？"

蜗牛妈妈说："因为我们的身体没有骨骼的支撑，只能爬，又爬不快。所以要这个壳的保护！"

小蜗牛又问："毛虫姐姐没有骨头，也爬不快，为什么她却不用背这个又硬又重的壳呢？"

蜗牛妈妈说："因为毛虫姐姐能变成蝴蝶，天空会保护她啊。"

小蜗牛又问："可是蚯蚓弟弟也没骨头爬不快，也不会变成蝴蝶，他怎么不背这个又硬又重的壳呢？"

蜗牛妈妈说："因为蚯蚓弟弟会钻土，大地会保护他啊。"

小蜗牛急了，他哭着说："我们好可怜啊，天空不保护，大地也不保护。"

蜗牛妈妈安慰说："所以我们有壳啊！我们不靠天，也不靠地，我们靠自己。”

这是作为全国36强的选手之一符德坤在面临被淘汰的情况之下，讲出的一个寓言故事。他认为，自己就是那只没有人宠爱的、没有人可以依靠的可怜的小蜗牛。没有华丽的外表，没有显赫的背景，一个人背着自卑的重壳来参加《赢在中国》，不带任何外力帮助自己，完全靠自己一步一步的挣扎杀到36强。他不想离开这个舞台，他想请评委高抬贵手，给他一个继续展示自己最真实的一面的机会。

针对符德坤在“选手陈述”中提到的“当我听到熊总把天才神童（指符德坤的竞争对手、美籍华人杨帆）说出来的时候，我差点申请退场，我能感觉到整个赛场迎面向我扑来鄙视和嘲弄。”俞敏洪深有同感，当年北大把对他的处分公布之后，他也认为所有的人都在用鄙视的眼光看他，自己也背上了一个重重的壳。但实际上，根本没有多少北大人知道“俞敏洪”是谁。

那为什么会出现这种异样的感觉呢？俞敏洪解释说：这从某种意义上体现了你内心的虚弱，这种虚弱就是你给自己建了一个盔甲，这个盔甲就像蜗牛的壳一样。这个蜗牛的壳实际上是你自己加上去的，如果你再多点勇气的话，你就可以把这个壳卸掉，甚至还可以长出翅膀来，天地之间，由你翱翔。

经过多年的发展和成长，俞敏洪渐渐脱掉了自己加在自己身上的那个由自卑和自责构成的重壳，变成了一个自由人，轻装上阵，带领新东方不断前进。既靠天，也靠地，更靠自己，练就了一种真正的大气。俞敏洪认为，人只有拥有这样的气概，才能让创业激情源源不断，才能让创业果实越结越大。

“我觉得你能做成事情，而且能做成非常大的事情……”这是俞敏洪对自强自立的带壳选手符德坤的肯定。“但这有一个前提基础，这个基础就是必须**把你背上的壳卸掉……把你的心胸进一步扩大……做人要大方、大气，不放弃**……心平气和地接受失败……”这是俞敏洪给坚持自救的带壳选手符德坤的忠告。

在2007年扬州“明日之星”（“‘明日之星’助学计划”是新东方在纽约证券交易所上市后启动的一系列公益助学项目之一）的特别班会上，俞敏洪就特别强调了“人要活得大气”。

人与人之间总会有磨擦，但人要活得大气。大气就是不计较生活中的小事，不为小事烦恼。如果你弄一个发型，到我面前，我说不好，你就不高兴了半天。明天你又弄了个新发型，到我面前，我说更丑了，你就一个月都不开心，这就是小气。这样很没意思，这样你自己的很多精力和智慧就被自己的这个小气耗掉了，这样的人一辈子也不会有出息。

职场拼搏中，请抖落自作多情的“重壳”，摒弃心中积蓄的不平，燃烧体内掩藏的激情，成就无怨无悔的人生。

从绝望中找希望

有时候，职场如战场，很多突然的变故和客观条件的不足决定了我们和别人的实际差距。 但仔细想想如果我们不坚持，或者对一些事物充满抱怨，不但什么都不会改变，而且会让这些繁杂阻碍了自己的发展，所以唯一的办法就是坚持，而且是一种坚毅的，持久的不放弃的坚持。俞敏洪老师正是靠着这种坚持的精神才走出了绝望。

俞敏洪老师曾说："我当时上学的时候，从来没有得过班里的前10名，但是我当时就有了这样的一个想法，就是我用我的时间长度，来拼你的聪明程度。就是你们干5年干成的，我干10年，你们10年干成的，我干20年，你们20年干成的，我干40年，实在不行，我就保持心情愉快、身体健康，到80岁把你们一个个送走以后继续干。"

以上是俞敏洪在大型公益活动"我能创未来——中国青年创业行动"启动仪式上讲的一段话。在俞敏洪看来，坚持下去、永不言弃应该是一个人走向成功的必备素质之一。因为力求上进并且想取得成绩的道路从来都是艰辛的，如果谁不具备恒心毅力，没有"不到长城非好汉，不到黄河心不死"的信念，一遇挫折就垂头丧气，"三天打鱼，两天晒网"，那么他在事业上是走不远的。正如宋代大文豪苏轼所说："古之成大事者，不唯有超世之才，亦必有坚忍不拔之志。”

想要闯出一片天地是没有退路的，最大的失败就是放弃。新东方这座大厦的建立，就是俞敏洪坚忍不拔、一点一滴累积的过程。“我比较有耐力，有目标，认定了就坚持去做，并且愿意没有时间限制地去做。”正是靠着这一品性，俞敏洪成功跨越了新东方在发展过程中碰到的各种挫折。

早在1993年11月俞敏洪决定成立新东方学校的时候，他就以自己的实际行动对“坚忍不拔，永不言弃”这一理念进行了淋漓尽致的诠释。为了办学执照的事情，俞敏洪愣是跟海淀教育局软缠硬磨了半年时间。

因为当时教育部门有规定：申请开办私立学校的申请人必须有副教授以上职称，而且持有原工作单位的同意信。显然，俞敏洪两个条件都不符合：他当时只是讲师职称，要北大同意他开办学校更是不可能。但俞敏洪没有气馁，为了获得执照，他每星期都会去海淀区的成人教育办公室，拿包烟坐在那里和那的工作人员抽烟聊天，拉关系。真正做到了“坚持”的最高境界（曾有人在网上写过关于“坚持的三层次理论”：首先是勉励自己要执著，其次是硬撑着，最后是实在不行就耗在那儿也行。）

其实放弃是很容易的，难的是坚持下去。坚持还是放弃，这一念之差的结果却是成功与失败的区别。阿里巴巴总裁马云的那句话不可谓不是真理：“有时候死扛下去总是会有机会的。”

俞敏洪真切地感到自己就是歌里唱的那样“一无所有”，没有人能帮他，就连老婆都不时地骂他“窝囊废”。**活着还是死去？挺着还是倒下？干下去还是歇菜？就是在这样的绝境里，俞敏洪还是选择了坚持。**

这些艰辛后来酝酿出了新东方著名的校训——“从绝望中寻找希望”，唯有这样，才能做到自始至终的坚韧不拔，最终到达成功的彼岸。

一个人可以被打倒，但绝不可以被打败

天若有情天亦老，人间正道是沧桑。身在职场，在上司和同事眼里，你只是众多人之中平凡的一个。所以只有勇于承受孤独才能坚持向前走，别那么在乎其他人怎么看，用你的智慧和意志力，只要走下去，你将到达你想要的境界，而那些与你擦身而过的人和事，也将变得与你无关。

不要相信所谓的“绝境”，人生永远充满希望。不要害怕失败，失败是常态，成功是偶然。失败只不过是一片灰蒙蒙的纸，我们要去捅破它，因为它的背后是一片碧海蓝天！当我们遇到困难时，我们要落入泥土而不化为泥土，开出一朵芬芳的花。种子在灰烬中成长起来，若干年后，又是怎样的一片郁郁葱葱！生命不息，不畏失败。种子能长成森林，苦难的背后定有更大的成功在等待。生命是一棵树，给人以绿色，生命带来的是美丽的风景，留下的是精神和思想。

2006年6月29日，俞敏洪来到福州新东方学校，为福州广大的学生作了两场关于“英语学习与人生奋斗”的公益讲座，鼓励中学生要用永不言败的决心去克服学习中的困难，做一个真正的强者。

以上就是俞敏洪在讲座中对新东方校训——“从绝望中寻找希望，人生终将辉煌！”的一番精彩绝伦的诠释。他认为，一个人可以被打倒，

但决不可以被打败。绝望转变为希望的条件就是永不言败。

你学了一个单词，背了10遍都没有记住，背了11遍才勉强记住，实际上你前面背10遍的过程就是一种失败，你忍受了前面10遍的失败才赢得了第11遍的成功，你就会永远记着这个单词。所以说失败可以无数次地重复，而且不会带来什么严重的后果，但是成功却永远只有一次，而且是永恒的。

爱迪生灯泡做了2000多次的实验，但是最后他成功了，直到今天，人类的黑暗仍然被爱迪生发明的灯泡照耀着，爱迪生取得了永恒的成功。所以人承受失败的能力有多强，他成功的机会就会有多大。

俞敏洪所说的“承受失败的能力”就是我们所指的永不言败的精神。背了10遍还没有把一个单词记住不要紧，只要你不放弃，坚持下去，第11遍可能就成功了。

俞敏洪说：“我对两句话有着坚定不移的信念，第一句是‘失败永远是成功的垫脚石’，第二句是‘只有持续不断的努力，才能创造持续不断的成功’。”

失败的次数越多，我们成功的机会就越大。我们不妨把失败想象成建造房子的砖头，只要心中有房子的梦想，只要积累足够多的砖头，你就一定能为自己搭建起生命的住房。考试失败算什么，补考就是了；高考失败怕什么，再考几次就是了；全班最后一名怕什么，在你前面有几十个人可以追赶，那是多么幸运的一件事情啊。我自己的高考考了3年，最终走进了北京大学的大门。我在大学时，成绩几乎一直都是最后一名，但也没有因此就变成一个废物。

学生在学习过程中需要一种永不言败的克服困难的决心，同样的，在职场奋斗过程中也离不开这种“不抛弃不放弃”的不怕失败的大无畏精神。

俞敏洪表示，“一次失败了就放弃了，那是远远不够的。任何时候勇敢地追求，你不会有多大的损失，不追求损失就大了。**你本来就是一无所有，就算你失败一百次，你不还是一无所有么？”人生的道路，你不选择成功，就只能屈就失败**。

2008年5月30日，俞敏洪主讲了在上海交通大学举行的2008上海大学生“创业大学堂”首场讲座——《在失败和探索中成长》。他鼓励每一个人在创业路上都要笑看失败，勇于迎接失败，因为他就是“以失败开道，最后走向成功的”。

没有失败就无所谓成功，没有遭遇过挫折和失败的人生是不丰富的人生，就像白开水，纯净却没有味道。

“成功是永远没有止境的。”俞敏洪认为，活着的人是不能讲成功的，因为你只要活着，你就要往前走，就有经历失败的可能。“我们要追求的成功是一种心态上的成功，我把它比喻成摔倒了爬起来的精神。”

面对台下数百名怀抱成功创业理想的大学生，俞敏洪坦言：如果任何人把快乐和精神支柱建立在外在的形式上，那么一旦支柱倒了，人就毁了。内心坚强，在最后一名时，仍抱着“往后看没有人追你，往前看，你想追谁就追谁”的心态，摔倒了继续往前走，成功才会到来。

俞敏洪还总结出了走向成功所必须具备的三种能力：

第一，忍受孤独。因为在你成功以前，你永远是孤单的，没有人能帮得上你，God only help those who help themselves（天助自助者）。所以，人永远是孤单地在奋斗，不管有多少人在你的身边，你要想真正达到成功，主要还是靠你自己。

第二，忍受失败。你要能够经受得住失败带来的压力。因为我们生活中失败为多，胜利为少，你行动9次，大概6到7次可能是失败的。如果你失败了，其根本原因在你本身。任何寻找外在理由来为自己开脱的人都是愚蠢的。任何失败的原因都必须从自己身上去寻找。

第三，忍受屈辱。年轻人往往心高气傲、意气用事又缺乏社会经验，所以生活中必须谦恭谨慎，“夹着尾巴”面对可能遇到的一切问题。

一言以蔽之，忍受孤独的能力是成功者的必备条件；忍受失败的能力是重新振作的力量源泉；忍受屈辱的能力是成就大业的必然前提。“忍受”能力，在某种意义上构成了你背后的巨大动力，也是你成功的绝对要素。

在俞敏洪看来，所谓的成功者，就是能够挺立在孤独、失败与屈辱的废墟上仍然不倒的人。

哪有什么胜利，挺住就是一切

能在各种困境中忍受屈辱是一种能力，而能在忍受屈辱中负重拼搏更是一种本领。

翻开俞敏洪的经历，很容易让人想起诗人里尔克的名句：**“哪有什么胜利，挺住就是一切。”**

对一般人来说，忍辱负重是一种美德，对心怀大志者来说，忍辱负重却是成就事业必须具备的基本素质。职场奋斗之路是充满艰险与曲折的，想要通过奋斗走出职场、事业有成就等于是一个人去面对变化莫测的激烈竞争，以及随时出现的需要迅速正确解决的问题和矛盾，这就需要人们具有非常强的心理调控能力，要坦然对待遇到的种种挫折和屈辱，始终保持一种积极、沉稳的心态，一步一步走向成功的彼岸。

著名思想家孟子曾说：“天将降大任于斯人也，必先苦其心志，劳其筋骨，饿其体肤，空乏其身……”“上天”将“苦其心志”放在“担大任者”所要承受的所有苦难之首，这足以说明它比“劳其筋骨”、“饿其体肤”、“空乏其身”等更具更具“杀伤力”，致命性更高。

古往今来，凡成大事、立大业者，无不受尽委屈、忍辱负重。司马迁忍宫刑之耻，方有“史家之绝唱、无韵之离骚”；勾践卧薪尝胆，10年如一日，最后终成复国大计。小不忍则乱大谋，能忍者方成大事。

韩信之所以能够成就最后的大业，就是因为他有忍受屈辱的能力。当时他是不得不钻裤裆的，如果不钻，他只有两个结果，一个是他被那个人杀掉了，从此就没有韩信了；第二个就是他把那个人杀掉了，他赢得了暂时的胜利，但从此就没有了韩信，因为他杀人了，杀人者偿命，这是中国的原则。所以从此历史上就不会有韩信这个人。他之所以能作为忍辱负重而成大业的形象千古流传在中国历史上，就是因为他钻了裤裆。

当然，我不是鼓励大家去钻裤裆，如果你只是为了钻裤裆而钻裤裆，那你就成了一个马屁精，那就不是人了。钻裤裆的同时是看着未来的（注：徐小平描述为“裤裆后面有一片蓝天”），你心中有着远大目标，忍受暂时的苦难和屈辱是至关重要的。

我们在生活中常常会受到各种各样的侮辱。比如，你到商店买东西，售货员横眉竖眼，你会觉得受侮辱。你想出国，得盖20个章，在某种意义上每盖一个章都是一次侮辱。为什么？因为它们给你设置重重障碍，你得一道一道地闯过去。

而这些屈辱俞敏洪在成功之前或多或少都遇到过，就连他进大学之后收到的第一份“礼物”，也是同宿舍室友的一个“白眼”。

进宿舍第一天，我就碰到了一件特别痛苦的事情，我同宿舍的一个同学——当然那时候还不认识，躺在床上拿着一本《第三帝国的兴亡》在读。我就觉得很奇怪，用很糟糕很难听的普通话问他：“咦，上大学还要看这种书吗？”

那个同学把书从眼睛上拿开，翻了一个白眼，没理我，继续读他的书。那眼睛里是白眼珠多，黑眼珠少。这一眼在我生命中留下了极其深刻的印象，也几乎改变了我的大学生活。它给我带来了两个后果：第一个，我大学4年感到极其自卑，到最后我什么都害怕，什么都恐惧。第二个，它使我知道进了北大不仅仅是来学专业的，要读大量大量的书。

因为自卑，俞敏洪不敢追求女生，他形容自己对爱情的渴望是“见到任何一个女孩都想扑上去”，虽是夸张，却也不无自嘲；因为自卑，俞敏洪很少参加社团活动，人际关系绕来绕去也就是宿舍的几个人。因此，俞敏洪的学生时代基本上就是“一个人的大学生活”。但客观而言，正因为在北大被边缘化，让俞敏洪的“出息”欲望在压抑中蛰伏。为了能够改变自己在大学学英语却听不懂、不会说的尴尬处境，俞敏洪每天花十几个小时狂读狂背英文；为了弥补自身人文知识上的匮乏，俞敏洪疯狂地买书、借书……

五四之后，“人文主义精神”已然成为北大的一块金字招牌，作为北大的一分子，俞敏洪内心十分渴望融入这道主流，但自卑、不善与人打交道的秉性又将他远远地隔离了。正是这种欲求而不得的心态反差锻造出了俞敏洪坚韧不拔、百折不挠的品性。

正如一位评论人士所言，“如果不是北大这个环境，俞敏洪未必能有今天的成就。”对此说法，俞敏洪也直言不讳，“如果没有北大10年的生活，绝不会有我俞敏洪和新东方今天的局面。在那种不被外人重视的环境中，他凭借着骨子里渴望成功的本性，成就了自己坚韧、刻苦、百折不挠的品性，同时也用这种品性为自己的未来打开了一扇通向辉煌的门。”

俞敏洪创办了新东方，从海外忽悠回来一群“海龟”，从此新东方走向辉煌。但知识分子特有的孤傲使得他们与俞敏洪之间不存在上司与下属的关系，更不存在雇主与员工的关系。只要公司出了问题，不管是谁的责任，先臭骂俞敏洪一顿再说。而俞敏洪硬是厚着一张脸皮，紧闭嘴巴，任由他们“轰炸”，我自岿然不动。

即使当年他这个新东方创始人、大股东被徐小平等小股东排挤出管理层和董事会，他仍然保持了足够的忍耐，一个人在办公室里急得抓耳挠腮，独自徘徊在正在开“CEO联席会议”的会议室门外。

“老俞的包容性是新东方能走到今天的重要保障。”王强的这句评价再加上新东方现在的发展势头，让我们真实地看到了俞敏洪裤裆后面的那片蓝蓝的天。

世界上没有什么胜利，因为只要生命还在就要不断前进，挺住就是一切，走过来就有未来。

积极主动地拥抱生活

经济学上有一个著名的希尔顿钢板价值说，大意是：一块巴掌大的钢板值多少钱？您也许会说，哦，它嘛，便宜！大概只值5美元。但您想过没有，如果把它制成马蹄掌，它就价值10.5美元；如果做成钢针，就值3550.8美元；如果把它制成名贵手表的指针，价值就可以飙升到25万美元！

众所周知，口含“金钥匙”出生的人毕竟是凤毛麟角，大多数人也只是犹如你我一样，起点相差无几：普通家庭出身、资质平平、容貌一般，犹如一块普通的“钢板”，只值5美元。然而，若干年后，这些原本价值相当的“钢板”竟演绎出了不同的人生：有些依然是普通的“钢板”，有些变成了价值翻倍的“马蹄掌”，还有些成为了价值更高的“钢针”，甚至有极少数“钢板”成为了价值连城的“手表指针”。

那么，究竟是什么使我们在公正的时间面前有了这么大的差距呢？是什么在造就我们、改变我们呢？答案其实很简单——就是你自己。**是做钢板、马蹄掌、钢针还是手表指针，完全取决于你的心态：是积极主动地拥抱生活，还是消极被动地接受命运。**

在美国工商管理学院的入学能力测试GMAT考试中，其中的语法考试有一个特点，就是主动语态和被动语态的对错考试。在一般的英语语法中，主动语态和被动语态都被认为是正确的表达，但在GMAT考试中，假如一句话能用主动语态来表达而用了被动语态，就算是绝对的错误。比如说“作业被我做完了”一定要说成“我把作业做完了”才对。只有当实在找不到主动者时才能用被动语态，如窗户破了但又不知道是谁打破的，才能说“窗户被打破了”。

其实，GMAT考的不是纯粹的语法问题，而是在语法背后隐藏了一个重大的命题，那就是人的心态问题：对参加考试的人、面对发生的事情是用主动思维还是用被动思维。

一个习惯于被动思维的人会不自觉地用被动的方式来回答问题，而一个拥有主动思维的人则时刻会考虑主动地解决问题。进入工商管理学院的学生，毕业后都要进入各大公司或机构做管理工作，管理工作中最重要的素质之一就是要有主动沟通、协调、解决问题的能力。凡是拥有主动心态的人，都比较容易成为出色的管理者。

主动积极地生活和学习是人类幸福的出发点和归属地。相对而言，一个积极主动的人，具有更多的机会，能够更多地掌握自己的命运。很多人会说，这还不容易，命运就掌握在我们自己手中啊。其实不然。

从前有一头骡子，自小就在磨房里拉磨，日复一日绕着石磨兜圈子，十几年如一日，勤勤恳恳。有一天，它终于老得再也拉不动石磨了。主人觉得它劳苦功高，决定把它放养到旷野之中，让他在绿草地里自由自在地度过余生。但这头骡子从来就没有享受过蓝天白云下的自在生活，它已经失去了作为动物融入大自然的天生本领。在如此宽阔的天地中，这头骡子唯一能做的就是在吃饱以后，绕着一棵树不停地兜圈子。

在我们成长的过程中，一不小心就会被别的东西所控制，使我们空有躯体，没有灵魂。对于大多数人来说，被动的生活已经变成了生活的一种无意识行为，导致我们过着和这头骡子一样的生活。由于被牵的太久了有时候不被牵着还感觉不舒服。

比如我们每天晚上的大部分时间都被电视机所消灭了，我们打开电视不断地换着频道，很少能看到实实在在的有意义的节目，一晚上的宝贵时间就这样被浪费掉了，到最后很多人都得了电视被动症，在电视上学不到任何东西，离开了电视又活不下去。假如有一天晚上突然停电没法看电视了，我们就会像没了魂的幽灵，整个晚上晃来晃去不知所措。

人类对某种东西产生的依赖心理，就是生命和灵魂受到控制的标志。要想摆脱这种控制，首先需要我们具有超强的毅力和勇气，因为人在习惯之中生活有一种很舒服的感觉，就像抽烟和吸毒一样，很容易上瘾而陷入一种难以自拔的状态。其次，也是很重要的一点，就是要求我们拥有一种积极主动的心态。一个消极的被动者是不可能挣脱这种束缚的，更不要谈改变自己的命运。

同样都是人，有的人一辈子活得快乐、充满惊喜和收获，而有的人却活得平庸、充满无聊和失败。究其原因，主动拥抱生活和被动接受命运是这两种人的分水岭。

俞敏洪有过三次参加高考、两次落榜的经历，留学的宿愿也未能顺利实现，当北大教师也遭遇了种种不如意，但是他从不曾妥协屈服。他认为这是生活在让他懂得如何在绝望中寻找希望，从而主动地把握自己的人生轨迹。

俞敏洪说："如果我当年落榜、留学失败、被北大处罚后接受大家的劝说安静地过日子，现在我可能是个农民，可能是个外语系副教授，我可能和很多人一样过着单位、社会为你设计的被动生活。"

“话说回来，我们都是人而不是神，包括成功者，谁也无法预测到自己的未来会是怎么样的。”

王强两度飞越重洋并定居美国，经过超常的努力，成为贝尔实验室的高级电脑工程师，现在成为国内最著名的口语教师；被朋友们怀疑其不食人间烟火的哲学家包凡一，在北美的现实压迫下，读完传播学硕士之后，再熬出一个MBA，居然成了美国通用汽车公司的会计师……每个人都偏离了专业为他们设计的发展轨迹。

当然，俞敏洪所倡导的“主动把握自己的未来”并不是鼓励大家都像王强、包凡一那样偏离大学专业为自己设计的发展轨迹而盲目出击，只是提醒我们不要太局限于专业限制，应该根据自己的专长和兴趣选择一条适合自己的发展道路，也许前景暂时不算明朗，但兴趣推动下的努力最终会帮助你拨得云开见月明。

面对困境更加执着

任何事情的结果几乎都取决于当事者所持的态度。只要你有主动的态度和坚定的信心，通常你就能影响周围的环境和人们，使事态向着对你有利的方向发展。

面对困境的时候，如果选择放弃，那你永远走不出职场小人物的角色，太容易放弃又想成就事业的人，只能闭上眼睛做个梦，醒来的时候现实状况不会有好转。只有坚定地按照自己的计划执行下去，才会达到自己的目标。遇到困境就退缩，是最没有竞争力的表现，一顺百顺实现梦想的事情，那真是有得等啊。

新东方流传的许多俞敏洪打“飞的”的故事，就是这一“态度观”的有力佐证。

“2005年6月17日，我和家人在加拿大温哥华，准备乘当天中国国际航空的飞机回北京。起飞前两个小时，航空公司突然打电话通知我：当天航班取消。国航每天只有一班飞机从温哥华飞回中国，当日航班取消意味着我们只能第二天再走，但第二天我在北京安排了两个会议和一场学生讲座。如果改变归期，将使上千学生因为我而改变他们的安排，这是我最不希望发生的事情，所以我的第一反应就是一定要想办法当天回北京，国航取消了就想办法找别的航空公司！”

“我知道加拿大航空公司每天也有一班飞机飞往北京，就立刻到加航查询，加航座位已全部订满，并且很快就要起飞。失望之余，我又迅速查询了加航飞往上海和香港的飞机，也都是满员，希望彻底破灭了。一个送我的朋友对我说：别再折腾了，好好休息一下，明天再走吧。我想也只能这样了，便沮丧地坐上汽车、离开机场。”

“上帝是绝对公平的，他在为你关闭一扇门的同时也为你打开了一扇窗户。”这句话说得一点都不错。从不坐以待毙的俞敏洪通过主动求索，找到了上帝为他开的那扇窗户。

我们接着听听俞敏洪的自述吧：“车行半道，我忽然想起看到过的一篇报道，说中国东方航空公司将于近期开通从上海到温哥华的航班，但我忘了是哪一天开通。不管怎样，这是最后一线希望，我让朋友立刻调转车头回到机场。查询后发现17日恰好是飞机首航的日子，而且离起飞还有两个多小时。我想首航飞机一定不会坐满，时间又够，便跑到国航的值班柜台，要求他们给我签票到东方航空的飞机上。”

“工作人员一脸为难，因为两个航空公司之间没有联营关系。我苦苦哀求，反复陈述我必须回去的理由，终于打动了他们，通过协调，把全家4张票签到了东方航空公司。经过十几个小时的飞行，我们终于到了上海，再扛着行李拖着孩子，从上海浦东机场坐车赶往虹桥机场，坐最晚的一班飞机回北京，到家已是后半夜了。虽然累得筋疲力尽，我却从心里感到满足和骄傲，因为第二天，我可以准时面对等待着我的同事和学生了。”

这件事让那位送俞敏洪到机场的朋友很受感动。

“他听说航班取消后的第一反应就是第二天再走，因为在他的头脑中，如果国际航班取消了是完全不可能有别的办法的。在机场看到我拼命向各家航空公司询问航班时，他觉得可笑：明摆着没有任何希望的事情为什么非要去做？最后当他目送我全家登机时，他流泪了。他说他终于明白了新东方是怎么做起来的，终于明白了以后面对困境应该采取什么样的态度。”

由于俞敏洪的家人在加拿大，新东方分校又遍布全国各地，所以，为了准时参加讲座、会议而打“飞的”来回奔波这样的事情，俞敏洪经历过不止一次。

俞敏洪成为一个创业者之后仍然保持着如此努力、如此执着地对待他的事业，那么身在职场的我们呢？我们尚未成功，我们依然在路上拼搏，为了更好更快地实现自己的目标，难道不应该更加执着、更加投入吗？

俞敏洪打“飞的”，其实不算什么大事，但正是一些看似很微小的锁事，却折射出了作为一个人做事情的态度，我们可以从中获得不少体悟，学到很多东西。比如说俞敏洪强烈的责任感，比如说俞敏洪对于新闻的敏感度，或者说他不轻言放弃的精神，但在这里，我想强调的是他那种面对困难积极主动的应对态度。

事物本身并不影响人，人们只受自己对事物看法的影响。在实现目标的过程中，你难免会碰到各种各样的挫折，**面对这些困难，你必须改变被动的思维习惯，养成积极主动的思维习惯。去掉深植于大脑中的“不可能”三个字，而代之以“我怎样才能”**。那样的话，你就可能是下一个“俞敏洪”，并创造出另一个“新东方”。

等待是为了获得更多的主动

不要觉得自己英雄无用武之地，人就是喜欢膨胀。当你觉得自己有能力没机会的时候，先检查一下自己是不是个人膨胀，然后再分析其他的原因。

自我膨胀的人缺乏耐心，一人如果在职场上熬不住、没耐心，那他很难走向成功。即便一个心态良好，没有自我膨胀因素的人，也要等待机会，成功是熬出来的，没有那么轻而易举。

如果说具备扎实的专业知识和丰富的社会经验是一个人取得成功的主观因素，那么在市场经济大潮中抓住机会就是一个人取得成功的客观因素。

但是，出现机会不等于说谁拥有某个机会，如果你没有及时捕捉到属于自己的机会，那么这个机会对于你来说，“有”等于“没有”。机会只属于那些有准备的人。新东方的事业就是俞敏洪善于把握机会的结果。

“‘新东方’做到今天，是很多因素造成的。刚好我在大学教英语，刚好自己能吃苦耐劳，刚好中国改革开放，赶上出国的热潮，又刚好2008北京奥运会，全民学习英语，这都是机会。刚好我又将这些机会聚集到我身边，于是就形成了‘新东方’”。

虽然俞敏洪本人最终没能出国留学，但是他却帮助了成千上万的中国学子实现了出国的梦想，成为了名扬天下的“留学教父”。

俞敏洪认为，世界上每天都充满了各种各样的机会，关键在于我们有没有能力捕捉到属于自己的那个机会。这个“能力”，就是指我们是否具备“等待”的智慧，要熬得住才能有成功。

生活中有很多东西是不能被动地等待的，等待只是为了获得更多的主动，获得最好的时机。所谓不能被动地等待，就是说任何的等待都是有目的的。俞敏洪列举了蟒蛇和猎豹的例子来进行说明。

“我在《动物世界》中看到最惊心动魄的影片是关于南美洲的蟒蛇。因为这种蟒蛇的身体实在太大了，所以它的行动速度不是很快。它为了捕食，唯一的办法只能是埋伏在丛林中间等动物经过。通常是一天下来没有一个动物经过，两天下来没有一个动物经过，甚至一个礼拜下来都没有一个动物经过。但是它知道，只要在那儿等待，一定会有动物经过。最后终于有动物经过了。它就一跃而起，一口把动物咬住。因为它追不上动物，只有等动物走到它嘴边的时候，才能跃起来。”

“猎豹是世界上跑得最快的动物，但是它一定要在草丛里，等羚羊靠近自己的时候才一跃而起，追上羚羊。因为猎豹尽管是世界上跑得最快的动物，时速能达到100公里，但是它最多能跑10分钟，如果10分钟之内追不上羚羊，它就只能饿死了，所以它不得不埋伏在草丛中间等待最佳的机会。”

俞敏洪在看了这些故事以后，印象深刻，感触颇多。

任何一个人对自己的机会，对自己的未来，都需要等待，而等待一定要有方法。但是等机会到来的时候，一定要十分敏捷地去捕捉。从表面上看，大蟒蛇在那儿一动不动，完全是被动的，但实际上它每时每刻都很警觉，即使睡觉的时候都在用耳朵听着，用身体感受着周围有没有动物走过。蟒蛇比任何动物都更加清楚等待的重要性。

很多时候，动物都值得我们人类去学习。我们经常会在应该等待的时候匆忙地行动，或者在应该行动的时候在那儿等待，最后错失良机。而且因为过早地暴露，让别人知道你的弱点和缺点，别人不再愿意跟你打交道，结果你终生的机会就会失去。

很多心怀大志的人做决定的时候并不缺乏果断，但却缺乏耐心，要知道，成功是熬出来的，急于行动和犹豫不决一样会错失机会。只有保持敏锐和耐心，在最合适的时候抓住机会才能获得成功。

树立明确而坚定的目标

很多职场人都很能忍耐，也特别吃苦耐劳，但最终还是没有摆脱打工的命运。曾听到有人感叹自己当初的梦想和雄心壮志都让老板给磨没了，甚至说都毁在老板手里了。其实想要给自己的不成功找借口，一个借口就够了，何况听起来又是如此不得已的借口呢？其实他们不知道自己不成功，永远跳不出职场打工的圈子，不是因为他们不努力，不是因为他们没耐心，而恰恰是因为他们缺乏明确的目标。身在职场一旦缺乏目标就会失去自我，完全泯灭在一些职场琐事中。拥有明确而坚定的目标是成功的起点，也是成功的关键。空口无凭，数字为证。

1953年，耶鲁大学对当年的毕业生进行了一次有关人生目标的调查，当被问及是否定有明确的目标以及达成目标的书面计划时，结果只有3%的学生给予了肯定的回答。20年后，有关人员对这些毕业多年的学生进行了跟踪调查，结果发现：那3%定有明确目标的学生在经济收入上要远远高于其他97%的学生。

明确的目标对一个人的一生起着巨大的导向作用，如果你还是不相信的话，接着看下面的实验：

心理学家曾做过一个试验：组织A、B、C三组人，让他们分别从同一地点出发向十公里外的三个村庄步行。

A组人不知道村庄的名字，也不知道路程有多远，只告诉他们跟着向导走就是。刚走了两、三公里就有人叫苦，走了一半时有人几乎愤怒了，他们抱怨为什么要走这么远，何时才能走到。有人甚至坐在路边不愿走了，越往后走，他们情绪越低落。

B组人知道村庄的名字和路程，但路边没有里程碑，他们只能凭经验估计行程时间和距离。走到一半的时候，大多数人就想知道他们已经走了多远，比较有经验的人说："大概走了一半路程了。"于是大家簇拥着向前走，当走到3/4时，大家情绪低落，疲惫不堪，而路程似乎还很长，当有人说："快到了！"大家又振作起来加快了步伐。

C组人不仅知道村庄的名字和路程，而且公路上每一公里就有一块里程碑，人们边走边看里程碑，每缩短一公里大家便有一小阵的快乐。行程中他们的情绪高涨，一路上欢声笑语，很快就到达了目的地。

事实胜于雄辩，这下你该心服口服了吧。要知道，"拥有明确而坚定的目标"也是"留学教父"俞敏洪的成功经验之谈啊。

"我生命中的三件事证明了这一思路的好处：第一件是我的高考，目标明确：要上大学，第一第二年我都没考上，我的砖头没有捡够，第三年我继续拼命捡砖头，终于进了北大；第二件是我背单词，目标明确：成为中国最好的英语词汇老师之一，于是我开始一个单词一个单词地背，在背过的单词不断遗忘的痛苦中，我父亲捡砖头的形象总能浮现在我眼前，最后我终于背下了两三万个单词，成了一名不错的词汇老师；第三件事是我做新东方，目标明确：要做成中国最好的英语培训机构之一，然后我就开始给学生上课，平均每天给学生上6到10个小时的课，很多老师倒下了或放弃了，我没有放弃，十几年如一日。每上一次课我就感觉多捡了一块砖头，梦想着把新东方这栋房子建起来。到今天为止我还在努力着，并已经看到了新东方这座房子能够建好的希望。”

“‘砖头’一说从何谈起”？也许这就是你看过上段文字后的第一反应。不要着急，我接下来就给你细细讲述一下“砖头”的来历。“砖头”故事的主人公可以说是我们的“老师的老师”——俞敏洪的父亲。

“小时候我父亲做的一件事情到今天还让我记忆犹新。父亲是个木工，常帮别人建房子，每次建完房子，他都会把别人废弃不要的碎砖乱瓦捡回来，或一块二块，或三块五块。有时候在路上走，看见路边有砖头或石块，他也会捡起来放在篮子里带回家。久而久之，我家院子里多出了一个乱七八糟的砖头碎瓦堆。”

“我搞不清这一堆东西的用处，只觉得本来就小的院子被父亲弄得没有了回旋的余地。直到有一天，我父亲在院子一角的小空地上开始左右测量，开沟挖槽，和泥砌墙，用那堆乱砖左拼右凑，一间四四方方的小房子居然拔地而起，干净漂亮地和院子形成了一个和谐的整体。父亲把本来养在露天到处乱跑的猪和羊赶进小房子，再把院子打扫干净，我家就有了全村人都羡慕的院子和猪舍。”

故事讲到这里你应该没有疑问了吧。小时候的俞敏洪没觉得父亲做这件事有什么特殊意义，只是认为父亲一个人就盖了一间房子很了不起。等到长大之后，俞敏洪才逐渐发现父亲当初做的这件事给他带来了深刻影响。

从一块砖头到一堆砖头，最后变成一间小房子，我父亲向我阐释了做成一件事情的全部奥秘。一块砖没有什么用，一堆砖也没有什么用，如果你心中没有一个造房子的梦想，拥有天下所有的砖头也是一堆废物；但如果只有造房子的梦想，而没有砖头，梦想也没法实现。当时我家穷得几乎连吃饭都成问题，自然没有钱去买砖，但我父亲没有放弃，日复一日捡砖头碎瓦，终于有一天有了足够的砖头来造心中的房子。

以下就是长大后的俞敏洪从父亲捡砖头一事中得出的启示：

“在我做事的时候，我一般都会问自己两个问题：一是做这件事情的目标是什么，因为盲目做事情就像捡了一堆砖头而不知道干什么一样，会浪费自己的生命。第二个问题是需要多少努力才能够把这件事情做成，也就是需要捡多少砖头才能把房子造好。之后就要有足够的耐心，因为砖头不是一天就能捡够的。”

“成功的秘诀在于坚持目标”，这句话不是我说的，而是本杰明·迪斯累利（Benjamin Disraeli）当选英国首相后在一次简短的演说中对自己竞选成功的总结之言。这也是俞敏洪做大新东方的秘诀之一。

前面我们说过，俞敏洪做新东方的目标很明确，就是要把新东方做成中国最好的英语培训机构之一。正因为有这个目标存在，“后来很多诱惑都没有动摇我，比如我可以投资房地产，做歌厅，倒卖钢铁，我从来都没有做，因为这些事情跟我生命中设定的目标相违背了。”

俞敏洪特相信一句话，叫做“‘因’是你自己选择的，‘果’是你自己没有办法选择的”。人最怕的就是没有恒性，哪儿有机会就往哪儿窜。为了更好地说明坚定目标的重要性，俞敏洪还列举了他两个美国朋友的例子。

“我在美国有两个朋友，都是学建筑的，一个在美国圣路易斯大学，一个在纽约建筑学院，都是美国很好的建筑学院。其中一个人在全世界电脑泡沫兴起的时候，看到学电脑的人赚钱多，而学建筑的人工资很低，他就转学电脑，等到他把电脑学完，刚好碰到美国电脑泡沫崩溃。”

“另外那个学建筑的同学，毕业以后在美国没找到工作，后来回国到中国一个很著名的建筑事务所工作，而中国正是一个建筑设计时代，他本身又学得很好，很快变成设计主力，年薪150万人民币。如果说你因为外界的某种诱惑心动了，有可能你的损失会更大。”

只有坚定的目标才有成功，在《赢在中国》的比赛现场，作为点评嘉宾的俞敏洪就非常关注选手在做项目时是否有明确的发展目标，哪怕仅仅是一个近期的目标。俞敏洪认为，兴趣和喜欢不能成为你做一件事情和进入一个行业的理由，而应该有一个更有力、更伟大的东西在前面引导着你，这就是梦想和目标。

明确而坚定的目标对人有强大的激励作用。**一旦一个人明确了目标，下定了决心，就会有一种对成功的渴望，就会产生强烈的使命感和强大的前进动力，在这样的情况下，将没有什么能阻止你达到目标**。而造成一个人得过且过、浑浑噩噩的主要原因就在于昔日曾经鼓舞他的梦想失落了，从而因目标的模糊而陷入了自设的困境。

每个人都渴望成功，都渴望实现自己的人生价值，如果你想成功的话，你现在就应该找出一张纸来，写下自己的目标，并为之奋斗一生。切记：树立明确而坚定的目标是成功的开始，一心向着自己目标前进的人，整个世界都会给他让路。

悄悄干，不张扬

成功不是喊出来的，是干出来的。身在职场，还没取得成功就先大喊大叫，或者取得了一点点成绩就骄傲自满，这是种很危险的做法。这种做法很容易葬送一个人的发展前途。

“悄悄干”是俞敏洪送给所有人的一个非常重要的忠告。

悄悄干，就是指一个人在做某件事时很低调，没有声音或声音很低，不浮躁、不张扬、不宣扬，（行动）尽量不让人知道。这既是一种人生态度，更是一种处世智慧和人格魅力。

尤其在中国，做事情时采取悄悄干不张扬的做法非常有必要。因为中国人可能是穷怕了，或者是中国几千年的文明遗传所致，使得嫉妒心理在中国人群体中间表现的格外明显。在很多情况下把你整垮的不是旁人，而是你的朋友或者你身边的人。如果你到处宣扬你在干的事情的话，你会很难干成，因为嫉妒你的人以及跟你做对的人会想法设法给你设机关，说你的坏话。所以，在一件事情做成功之前，请紧闭你的嘴巴。

有些人，事情还没有开始做，就开始说大话，刚刚干出一点儿成绩，就心浮气躁，忙着上报材料、总结经验，到处嚷嚷自己取得的那一点儿小成就，唯恐他人不知。可俗语说得好：“虚心使人进步，骄傲使人落后”，我们知道一个人获得一点儿成就并不难，难的是一辈子有所收获。于是乎很多学生在嚷嚷中成绩越来越差，很多政府领导在嚷嚷中不断下台，很多企业在老板的嚷嚷中纷纷倒闭。而那些埋头做事、很少做宣传、努力寻找机会的人和企业，比如鲁冠球和他的万向集团，却能不断地稳步向前。

古人把悄悄干不张扬的人形象地比喻为“大巧若拙，大辩若讷，大勇若怯，大智若愚”，达·芬奇也说过：“微少的知识使人骄傲，丰富的知识使人谦逊，所以空心的禾秆高傲地举头向天，而充实的禾穗却低头向着大地。”悄悄干不张扬的背后隐含着真正的大智慧大聪明。

悄悄干不张扬不是假装出来的，而是需要有厚实的“内功”作支撑的，只有一个人的知识储备、阅历经验和文化涵养达到足够的积淀时，他才能真正做到不说张扬之语，不逞张扬之能，悄悄地埋头做事，在人生路上越走越远，越走越好。而那些喜欢张扬的人，尾巴翘得老高，很容易成为“众矢之的”，也许能慷一时之慨、开一时之怀、求一时之名、得一时之利，但这种人往往登不高、行不远。

在很多人眼里，悄悄干不张扬就是消沉、保守的代名词。其实不然。

从表面上看，悄悄干不张扬的人似乎缺少激情和锐气。其实，悄悄干的人很有自信，在他们内心深处蕴藏着勃勃生机和无限活力，处于低谷不颓废，遇到困难不退缩，一帆风顺不得意，成绩面前不炫耀，永远保持着踏踏实实、平平常常、自自然然的生活态度和格调，以成熟、理性、豁达、自重、睿智处世做事。

在一般情况下，人们都喜欢那些悄悄干出大事业的人，厌恶那些无事生非的人，原因如下：

一是人们天生就喜欢谦虚的人，因为谦虚是一种美德；二是人们在潜意识里不希望身边的人看起来比自己“牛”，那些喜欢吹嘘自己的人尤其容易招致别人的反感，而反感通常会带来不好的结果；三是凡是喜欢虚张声势的人一般来说都是没有底蕴的人。而底蕴的厚度决定了事业的高度，没有底蕴的人就像没有基础的房子，造得越高，倒得越快。最后，悄悄干还体现了一个人的风度，因为有风度的人一定不会有点儿成就到处炫耀，他们更关注的是自己的未来和别人的感受。

因为悄悄干，农民出身的鲁冠球把当时的一个生产农业机械的小作坊，发展成为了中国第一个为美国通用汽车公司提供零部件的OEM（Original Equipment Manufacture，基本含义是定牌生产合作，俗称“代工”）；还是因为悄悄干，同样是农民出身的俞敏洪把一个只有十几个学生的“名不见经传”的单一英语培训班，发展成为了一家涵盖职业教育培训、教育软件研发、图书音像出版、出国留学服务等于一体的大型综合性教育科技集团。我们还有什么理由拒绝“悄悄干”呢？

让你的理想在悄悄的奋斗中成为现实吧，当成功悄悄来临，你已经与初入职场时不同，你已经迈向了人生更高处。

烁亮“诚信”的金匾

跟没有诚信的人打交道，有一种随时会落入陷阱的感觉。想想看，谁会跟一个随时可能给自己带来危险的人交流和交往呢？诚信是做人做事的根基。身在职场有很多繁杂的事情需要技巧性地处理，但切记不能失掉诚信。

诚信，顾名思义就是诚实守信。诚信，是一个人的立身之本——“至圣先师”孔子曰：“人而无信，不知其可也。”也是经商之本——“红顶商人”胡雪岩常说：“江湖上做事，答应了的事，不能反悔，不然叫人看不起，以后就吃不开了。”更是成功之本——一个坚守诚信的人一定成功，一个抛弃诚信的人终将一事无成。

俞敏洪就曾经亲自经历过别人失去诚信和得到诚信的事。

“有一次在洛杉矶，我带着女儿去洛杉矶边上的‘六骑魔山’玩，那里有各种各样的过山车，我不知道那个地方在哪里，又比较匆忙，就打了一辆出租车。我跟出租车司机说我要去那个地方，不知道远不远。那个司机想赚钱，就说半个小时就到了。等车开了以后，我才发现他也不知道那个地方在哪儿，他停在路边问路，这时候我有些生气了，但是我想，既然坐上来了就算了吧。”

“等到问完路开到高速公路遇上堵车，我说那就不去了，司机说没事，过了这个路口就不堵了，结果过了这个路口以后还是堵车，一直堵，我特别生气，我只要一说不去了，他就会说过了这段路就不堵了，最后我完全不能相信他。”

“到目的地以后，我真的不太愿意给他租车费，但是我想何必呢，最后我连租车费加小费一起给他，说你走吧。他说实在对不起，他也没想到路上会这么堵，既然都到这里了，你们就进去玩吧，我在这儿等着你们，等你们出来以后，我再把你们送回宾馆去，不要你们的钱。”

“他说完这些话以后，我对他的反感一下全没了。我说，我们出来可以再打另一辆车，你等我一个小时我还要付你20美元，你还是走吧。他却说，等的时间他一分钱也不收。后来，我们就进去玩了。本来我对他说，如果你真的要等，我们大概4个小时左右出来，结果进去以后玩疯了，6个多小时以后才出来，我心想这个司机肯定走了，根本不用想的。”

“但没想到他一直停在我们下车的地方，一动没动，这让我大为感动，回到宾馆以后，他一直说不收钱，因为去的时候他一直说不堵车，结果让我们在车里待了两个小时，很对不起。这时候我很感动，我发现这个人很诚恳，我给了他所有的租车费，再加上很优厚的小费和他等我的那6个多小时的费用，他也很感动，第二天坚持要免费送我去机场。”

俞敏洪讲这个故事是想说明：“话说出来了就要做到，说了做不到，人们就会对你产生反感。”那个出租车司机一再失信，说半个小时就能到达“六骑魔山”，结果用了两个半小时才到；说认识路，结果还要下车问路；说过了那个路口就不堵车，结果过了那个路口还是堵车，这使俞敏洪特别生气，到最后完全不相信他了。

“不过他后面的一系列行为让我感觉很好。”为了弥补先前的过失，出租车司机坚持说要等俞敏洪父女俩出来，免费把他们送回宾馆。俞敏洪对他所说的话抱“将信将疑”的态度，也没有太在意。出乎俞敏洪意料的是，他们在“六骑魔山”疯玩了，玩了6个多小时，出来之后，竟发现那个司机一直将车停在他们下车的地方等他们。这让他大为感动。

“其实做人的原则和道理全都包含在这个故事里了。”俞敏洪说道，“诚信是人与人之间沟通的基础，没有诚信，人们就会尔虞我诈、相互欺骗，难以建立和谐的人际关系。”

不管处在什么样的社会，一个人做人做事的最终成功，只有依靠“诚信”二字。你先对别人有诚信，大部分人也才会对你有诚信。就算你有时候被别人骗了，也不能因此就丢掉诚信，否则你就会失去自己成功和幸福的根基。

以上是新东方总裁俞敏洪始终秉承的诚信理念，也是他的经营之道。俞敏洪认为，诚信是现代市场交易活动的基本精神，如果一个人，或者一个地区为了眼前利益而失信于顾客的话，那等待他的必将是人生和事业的失败。

在《不要为眼前的得失而抓狂》的文章里，俞敏洪列举了两个反面例子。

事例一：

由于中国过去太贫困，所以来了一点点商业机会以后，很多人就会只顾眼前利益，而不顾将来。中国很多人开饭馆、做生意都卖假货。为什么？因为他们觉得这是赚钱的最佳方法。但这样的人到最后失败的多，成功的少，因为成功是以信誉为基础的，而信誉是建立在人们长久的观察之上的。当人们第一次发现不对头，第二次就不会买了。

当时中俄边贸红火的时候，中国人把一辆火车皮的各种杂货拉过去，俄罗斯人不检查就收下来了。因为尽管那是旧货，但是他们知道那是真的货物。但是后来中俄边贸出现了什么情况呢？俄罗斯人特别喜欢买中国的羽绒服，而很多中国人为了赚钱，做羽绒服时就把稻草、鸡毛塞进去了。俄罗斯人发现上当以后，中俄边贸的比例开始呈直线下降。

你现在常常会听说，中国的商人在俄罗斯常被俄罗斯人打，被俄罗斯人欺负，其根本的原因并不是俄罗斯人本来就想欺负中国人，而是因为俄罗斯人被中国商人骗了，最后就迁怒于所有的中国人。当俄罗斯人被一个中国人骗了以后，他一定会相信100个中国人都是这样的，这就是群体效应。

事例二：

在山东有一个蕨菜生产基地，向日本出口蕨菜成了那个地区唯一的经济来源。日本人要求把蕨菜放在太阳底下晒干了以后打包运到日本去。由于放在太阳下面晒干需要两天时间，很多老百姓等不及，就把蕨菜收回家以后开始用锅烘烤。烘烤以后，表面上看是干的，但是日本人却发现用水泡不开了。

日本人就警告这个地区的人，千万不要用锅炒，一定要放在太阳底下晒。大部分的老百姓遵守了这个游戏规则，放在太阳底下晒。但是游戏规则并不是说有大部分人遵守就能够维持下去的，一定要所有的人都遵守，游戏规则才能成立。有一家老百姓违反，就破坏了游戏规则。仍然有几家老百姓把蕨菜偷偷地放在锅里炒，日本人发现以后，在一天之内断绝了跟这个地区的全部蕨菜交易。这个地区一夜之间失去了所有的经济来源。现在，（那里的）老百姓依然在贫困中挣扎，因为他们的蕨菜卖不出去了，日本人下决心绝不到这个地区收购任何蕨菜。

这两个故事有力地证明了上面我们所说的道理：**诚信是一个人的立**

身之本、经商之本、成功之本。如果把人比做鱼，诚信就是水，鱼失去了水就会死，人失去了诚信就无法在社会立足。

俞敏洪深谙“坚持诚信”的威力，并将它贯穿至新东方发展过程的始终。最有代表性的例子就是新东方有一个雷打不动的原则，那就是不惜任何代价给不满意（不管是什么原因）的学员退学费。

只要见了谁不给要求退学的学生退学费，俞敏洪一定把这个老师叫来痛骂一顿。有些学生无理取闹，把退学费当作小孩“过家家”游戏来玩，老师自然不同意退。在这种情况下，俞敏洪还是照骂老师不误。骂完之后再向被骂老师陪礼道歉：“谁叫咱们是教育家呢！”

学生之所以选择新东方，就是冲着新东方的品牌和诚信，如果有学生觉得现实中的新东方不是他们想象中的新东方，要求退班。新东方的老师就必须给学生退学费，不管是什么原因，在所不辞。

因为“原因”可以左右推敲，而“诚信”就是“诚”与“信”，没有丝毫可供推敲的余地。新东方不论原因地给要求退班的学生退学费，也就无可置疑地烁亮了“诚信”这块金匾。一如俞敏洪当初所说：“我乐意把自己当商人看待，我是一个执行了诚信原则、平等交换原则、互惠互利原则的商人，而不是那种投机取巧、权钱交换的商人。”

职场人脉中能生出很多机会，身处职场我们更应该以诚信待人。要知道，留一份诚信就是留了一条后路，留了一个机会。

4 成功的经验是扭曲的，失败的教训是正确的

突破首先是观念和思维上的，只有思维打开了，你才会变得心明眼亮。

失败之后可能有两种人，一种人是精神上被打击得太狠了，一蹶不振；另外一种是失败了，但是顽强的精神还在。只要精神还在，完全可以再爬起来。

一个人应该把自己的心胸打开，好听的声音要接受，不好听的应该当做良药，什么声音都能接纳。

一个人的一生，如果他的成功是用正的数字来表示，为成功而付出的辛劳用负的数字来表示的话，那么我想人的一生就是一个零。一个人他得到的福和带来的祸，如果福是正值，祸是负值，那么他最后一生算下来也还是零。所以好多方面，我觉得最终都是一个零。有了这种观念，我觉得一个人他就可以更放得开，更能想得通。

做事越少越好，一旦决定做一件事情，碰到再大的困难都要迎头赶上往前冲。

接纳任何人的各种声音

很多人都懂得做人要有胸怀，能包容别人，其实从广义上说，胸怀还有另外一层意义，那就是能装得下自己的失败，也能装得下自己的成功。一个人面对失败的时候可能会更加坚强，以超越常人的耐力和毅力走过来，但当一个人面对成功的时候，大都会有些膨胀，很少有人保持绝对的清醒，其实不膨胀也是一种胸怀。

史玉柱的第一次创业从成功走向失败虽然有很多原因，但却和他的个人膨胀有关系。在中国民营企业界有一个知名的企业家沙龙——泰山产业研究院（原名叫作泰山产业研究会）。该会中有不少民营企业的头面人物，比如现在的会员有：段永基、柳传志、段永平、冯仑、卢志强、林荣强、郑耀文、远思和吴力等。顾问是吴敬琏和胡德平。段永基任理事长，柳传志任总裁，华贻芳是秘书长。”这个研究会每年都会召开一次例会，作为发起人的史玉柱每次都会参加，即便是他最艰难的那几年也坚持参加。会上一些老前辈说，在史玉柱失败之前就已经有了失败的苗头，因为他的过度膨胀让他难以听进别人的真心话。

泰山产业研究院的元老华贻芳说：“话他听不进去，听不进去啊，可是很多事情都憋在我心里，所以一直憋到1997年，就是他正式地说感觉到自己很难再坚持了，就是请远道来的人吃一顿饭，都觉得要掂量掂量有没有可能，囊中羞涩了。所以到了这个时候，我就蹦出来32个字的打油诗，诗写好之后，我没有敢给他，因为我这32个字非常尖刻，就是：不顾血本，渴求虚荣；恶性膨胀，人财两空；大事不精，小事不细；如此寨主，岂能成功。他当时打广告简直都疯了，而且广告老实讲并没有什么效果，把钱上千万地往外支。恶性膨胀，人财两空，最后就是这么个结局了。”

自我膨胀是每一个人都要面对的挑战。职场上的人们总是容易犯两个错误：要么抱怨，要么膨胀。抱怨的人永远难成大器，因为抱怨只是情绪，并不能解决任何问题。膨胀让人自满。人一旦取得了一些成绩就很容易膨胀。他们以为他们就是整个世界，其实他们只是他们自己，跟社会上众多成就比起来，他们也只是没有失败而已。人没有走到最后一天就没有永远的成功，所以自我膨胀有时候是夜郎自大，自欺欺人。做一件事情的本意是什么？是希望能做好，那取得成就应该是正常的，是必然结果才对。把我们希望的必然结果看做成功就容易让一个人膨胀。自我膨胀的结果是自我封闭，自我封闭的结果是既缺乏聆听的耐心，又缺乏理性的判断，这样的状况下能继续取得成绩才是不正常呢。

失败之后的史玉柱心态来了个大转变，后来他自己也说：“打油诗里的善意提醒，别说没有给，即使给了，我也不一定听得进去。”在遭遇巨人危机之前。史玉柱承认自己已经被胜利冲昏了头脑，是自我膨胀造成了巨人的惨败。在央视《对话》节目中，史玉柱虚心认错，于是华贻芳当场又送给史玉柱一首打油诗：“现代企业，大事两桩；经济文化，半斤八两；既能赚钱，更会育人；如此寨主，方成好汉。”

对史玉柱的反省，柳传志也表示肯定。他说：“我以前一直说不喜欢史玉柱，1993年、1994年在泰山开会的时候，我基本不怎么跟史玉柱打招呼，原因就是我感觉到他迟早要出大娄子，而且我觉得他浮躁。企业的发展和目标追求超过了他的能力本身，他没有把这个事想清楚，管理的基础不扎实。所以在当时的时候，是这么看，后来他的情况逐渐在变化，特别是以后东山再起的时候，他要求解剖自己的时候，我的感觉确实就像老华说的开始有转变。那是到1996年那次会议，所以那时候他要求提意见，我就开始跟他讲些东西。过去我觉得讲了，他未必听，我何必跟他说呢？所以我就没说什么。”

对柳传志，史玉柱说：“我记得柳传志跟我谈过两次。一次我们在安徽开会，跟我谈了很长时间，教我企业如果从头做的话，应该怎么做？他也帮我分析了过去存在的问题，他说文化上也存在很多问题。他剖析说联想过去文化上也存在很多问题，然后怎么去重建，要提一些实用的口号，不要搞空洞的。说‘我们要做东方巨人’这样的口号太虚。他总结了几点，后来我全部采纳了，一个是说到做到，一个企业要有这样一种氛围，从一把手到下面，承诺了一件事就一定要去做，哪怕不合理，错了，都要去做。我们现在很多文化都受联想的影响。”

对段永基，史玉柱说：“在困难的时候，他（段永基）给我打气，在稍微好转的时候，他叫我要清醒，一年多以前，我们情况开始有所好转，我到他办公室去，他说：‘你注意，你又要犯错误了。’所以，现在，从营销的角度，一旦有一个好的突破，有一个好的业绩的时候，这句话就出来。因此现在我每到有成绩的时候，情绪并不高调。所以下面就奇怪，每到形势好的时候，我检讨得最多，不好的时候，反而说一些鼓励他们的话。”

人因为自我膨胀而失去大好的机会和美好的未来，因为及时认识错误并虚心改过而重新和机遇相逢。所以栖身职场，更要懂得自我膨胀的危害和虚心谦和的重要。史玉柱能翻身是因为他本身已经具有高经营能力和良好的人脉。但是职场中的人们能力尚待提高，一旦因为自我膨胀而一叶障目，那很难在短时间内把能力提上去。要知道，想顺利走过职场之路，让成就一番事业的梦想变成现实，心态第一。

坚韧才不会倒下

用史玉柱自己的话说：“失败之后可能有两种人，一种人是精神上被打击得太狠了，一蹶不振；另外一种是失败了，但是顽强的精神还在。只要精神还在，完全可以再爬起来。”

1997年史玉柱开始了第二次打拼，他说：“这两年如果要回顾的话，主要就是一个字：苦，比1989年刚刚出来创业时还要苦，那个时候苦是苦，但没有心理负担。”

“中山陵（南京）再往前走，有一片树林子，（我经常）带一本书，然后带一个面包，（在那里）为自己充电。那时看了洪秀全、毛泽东第5次反‘围剿’、长征，都是些比较悲壮的书，一共一年多的时间。那时候住在馆，每天早晨10点起床，然后下楼开车就往那边走，路上买两个面包，一杯饮料。部下都在外面做市场，我就通过电话指挥他们，晚上天快黑了，就开车回来，到了大排档，随便吃一点。”

史玉柱最难的时候甚至连手机费也交不起，坐火车改坐硬座。史玉柱说：“那时，我连买一张飞机票的钱都没有。有一天，为了到无锡办事，我只能找副总借，他个人借了我一张飞机票的钱，1000元，飞到上海，当天赶到无锡，住在30元一晚的招待所时，女服务员认出了我，但她并没有讥讽我，相反还送了我一盆水果。那段日子，我是一贫如洗。”

艰难的日子，既是一种煎熬也是一种挑战。不仅仅是史玉柱，身在职场的人也同样如此。熬得住艰苦便有收获，熬不住艰苦你同样走不出目前的困境，那等待你的只有失败，心理上的和事业上的双重失败。与其坐等失败不如勇敢前进。

回忆起当年艰难的日子，史玉柱说：“那个时候，我是委托无锡的一个厂生产，这个厂很大，环境非常好，设备也好。（这个厂通过了）国家医药管理局的GMP，是按照国际标准的，国内非常少。（我们要求的）标准很严，首先空气要净化，我们生产脑白金的这条线，是生产大输液的，往人血液里注射的东西。保健品跟药品不一样，是可以委托加工的。药品达到GMP以后，也是可以委托加工的。加工过程中，我们觉得也需要一个（生产）基地，慢慢付点现钱，也就接手这个工厂管理了。最后就把它盘下来了。到1997年7月份，我们就搬到上海了，此前我们一直属于流浪生活；但是1999年1月至1999年6月相对稳定，我们在南京租了一处办公地点。此前就是四处打游击，拎个包到处跑。”

在《对话》节目中，张树新曾问史玉柱：“你有没有垮？”史玉柱回答：“没垮，肯定没垮。我是没垮，垮了就不敢坐这儿了……（珠海）巨人（集团）只是我一生中创办的某一个企业，这个垮了，不能证明我不行了。”

马丁·路德金说：**“这个世界上，没有人能够使你倒下，如果你自己的信念还站立着的话。”**

史玉柱也曾说：“经历了1997年全国媒体一哄而上，上万篇文章地骂，人这一辈子还有什么挺不过去的？”

每个人都要经历失败，身在职场的我们要学习的就是史玉柱这种不屈的精神，是在失败中重新站起来的勇气。失败是对精神的挑战，只有精神不倒失败才是财富。

集中全部力量突破一个要点

一件事情的成败在于如何运作和是否专注于你的运作计划。职场上拼专业知识、耐力和专注程度。比如以10为基数，如果你有8分力气，在面对一件事情的时候将8分力气全部使出来，你就能得到想要的收获。但如果你有10分力气却只用5分，相比之下你的收获要小得多，或者还会面对失败。所以，**专注一件事并将全部精力投入这件事中，你才有机会在职场中突出重围，找到更高更适合自己的定位。**

史玉柱失败之后，成了中国最穷的人。一个手里没有资金的人想要打开保健品市场的门，可谓困难重重。史玉柱在对目前状况进行了仔细研究和分析之后，终于找到了一个突破口，“我就觉得毛主席的原则是对的，我集中我全部的人力、物力、财力，集中攻一点，没有把握把一个城市攻下来，你别忙着打第二个城市。”其实史玉柱用的是营销学上的“聚焦战略”，即集中全部力量，找准一点坚决突破。这种方法的好处是效率高，成功率也高。

一个企业集中全部力量去突破一个细节，而那些大公司只是分出微小的一部分力量来应对这个细节，你说哪一个获胜的希望更大呢？集中全部力量去突破市场的企业有些武侠中决斗的意味，只不过拼的不是武功，而是智慧和方法。答案当然是集中全部力量去突破，这样取得胜利的把握更大些。

一起来看一下史玉柱是如何打开脑白金市场的：史玉柱向朋友借了50万元做保健品，他把目光聚焦在江阴这个小镇子。他先是拿出10万元，在江阴大打广告，在广告宣传的作用下，脑白金很快就被江阴人家喻户晓。紧接着脑白金就进入了江阴的千家万户。之后，脑白金在江阴周边的反响也越来越大了。

史玉柱说："50万，除掉一点运作费用，再拿十二三万生产一点产品，再打一个江阴，剩下的钱只有一点点。好在江阴第二个月赚钱了。把这些钱凑在一起，这才启动了无锡（市场）。无锡第二个月又赚钱了，赚了十几万，又去启动下一个城市。无锡后隔了一个月，（又）启动了南京、常熟、常州还有东北的吉林。然后第二个月又赚钱了……就这么滚。"一年之后，史玉柱启动了全国市场，脑白金从此成为全国保健品中一个强势的品牌。

提起这段经历，史玉柱后来说："毛泽东在瓦窑堡总结的10大军事原则，直到解放战争不也还在用吗？他要求不计较一城一地之得失，集中优势兵力消灭敌人有生力量，对企业来说也是这样。战略上可以处于劣势，但战术上一定要处于优势。具体到一场战役上，一定要有3倍、5倍于敌人的优势兵力。"

史玉柱还感叹说："实力再雄厚，也只能在几个重点行业、重点地区、重点产品上下工夫，如果没有做到重点突出，而是采取平均用力的话，就必然会失败。在营销手段的使用上也必须要有一个重点，必须加大人力、物力、财力，做重点地区。"

集中力量重点突破才能攻克难关，这是史玉柱给职场人的有效且有力的工作方式。想要从职场中崛起，这种方式能帮你拿下业绩，助推你更快更稳地走向成功。

不按常理出牌，按照自己的思考去做

一个职场英才要有独立解决问题的能力。当然，我们可以依赖于现有的规则，但如果现有规则不合适，我们就没有必要依附于现有规则解决问题。现有规则是前人经验的总结，我们可以在此基础上加以琢磨，创造自己的规则。

相比之下，《征途》游戏虽为后来者，但其收入却后来居上。究其原因是因为史玉柱敢于打破行规、不断创新。用史玉柱自己的话说就是："我的特点是不按常理出牌，按照自己的思考去做。"

史玉柱能够有认识上的突破，敢于打破规则，还跟他攀登珠穆朗玛峰的经历有关。史玉柱在拯救巨人未果后，择定一个日子和费拥军、陈晨、1名分公司经理、1名随队医生外加4名司机一起去攀登珠穆朗玛峰，为了节省800元的导游费，他们没有请导游带路，而是在不知状况的情况下就冲向山峰。

看路旁风光旎旎，看远处气势磅礴，这让史玉柱的内心得以释怀，他的心灵变得与自然界相通，生命的变化无穷都在此刻得到了诠释。

他们攀到5900米的时候，忽然与冰川遭遇，他们中的几个人主张回去，但史玉柱却坚持继续登山。攀登到6000米的时候，他们的氧气袋几乎吸空了，而且他们迷路了。史玉柱坚持让几个部下先走，但是大家都像武侠中的英雄一样坚持跟史玉柱一起进退。最后一个有经验的司机找到了路，但是这条路要跨越一个大约50多米的陡峭山坡，史玉柱后来回忆说："最后连路都走不动了，每走一步，都要坐下来休息一会才能走下一步。"他们回到营地才知道，原来他们上山的地方是著名的禁区，铺满白雪的地面下有无数个冰窟窿，这些冰窟窿全都深不见底，如果谁误踏冰窟窿，那将根本无法营救。史玉柱说："下来之后感觉到，我已经死了。确实我已经是捡了一条命回来。"

这次登山之后，史玉柱说："以后有什么顾虑的时候，我就会想，这条命都是白捡的了，所以一下子人就放得特别开，在管理、营销各个方面再没有任何条条框框，怎么实用怎么来。"但他又说："我并没有蔑视规则，而是自己琢磨规则，创造规则。"

"我以前做过很多行业，我感觉网游行业是思想最保守，最不善于创新的行业，但娱乐行业不应该这样啊，我们对此做了创新，这对行业是个推进。我们会吸取巨人以前的教训——坚持走自己的路线。"

史玉柱的创新精神来源于他对生命认识的提高，来源于他不拘泥于原有规则。正在职场中努力奋进的我们也应该有打破原有规则的勇气。**突破首先是观念和思维上的，只有思维打开了，人才会变得心明眼亮。**把思维上的突破应用于实践，尝试新的方法解决面临的问题，你才会有意想不到的收获。

说到就要做到，执行不能打折

史玉柱曾说："对员工做出的承诺一定要兑现，一定要说到做到，做不到你也要想方设法帮他去做到。必须要有这个作风。"

曾有人问史玉柱，在所有企业素质中，哪一样最重要，史玉柱回答说："是'说到做到'。你只要承诺了，几月几日几点钟做完，你一定要做完，完不成，不管什么理由，一定会遭到处罚。往往越没本事的人，找理由的本事就越高。我们干脆不问什么原因了，所以现在大家都说实话，不搞浮夸了。"

执行力是一个人最有优势的素质。在某种程度上说，执行力不亚于创造力。史玉柱说："现在许多企业，战略是正确的，但没有做起来，就是因为缺乏有真正执行力的人。执行力是企业战略正确之后的决定因素。"

联想公司的总裁柳传志也极力认同执行力的重要。他说："决定一个企业成功的要素有很多。其中，战略、人员与运营流程是核心的3个决定性要素。如何将这3个要素有效地结合起来，是很多企业经营者面临的最大困难。而只有将战略、人员与运营进行有效地结合，才能决定企业最终的成功，结合的关键则在执行。"

可见如果一个员工在执行力上得到了公司的肯定，他超越其他同事，改变目前工作状况的机会是多么大。**如果一个人一直将这种执行力保持下来，那么这将成为他的一种个人习惯，这种习惯在他未来的道路上将起到不可忽视的重大作用。**

史玉柱说："如果谁说我们的执行力差，他可以这么说，但我绝不会承认。每年大年三十，你可以到全国50万个商场和药店去看，别人早回家过年了，我们9000名员工依然顶着寒风在那里一丝不苟地搞脑白金促销。如果执行力不行，干劲是哪来的？"

这些人的干劲儿就是来自于执行力。但对于一个职场人来说，如何提高执行力呢？

一是要从意识上提高。任何事情，只有思想意识上提起了重视，你才会真正专注于执行。一个真正意识到执行力重要性的人会说到做到，想到了就马上去做，不拖拉、不等、不靠，让问题第一时间解决。所以一个人只有在意识上认同执行力的重要性，才会体现在行动中。

二是作为职场人，要明白企业只认功劳，不认苦劳。现在，只认功劳，不认苦劳几乎成了任何一个企业的企业文化。想想看，如果企业里的每一个员工只讲我多么辛苦，但为企业创造的利益却微乎其微，那这个企业面临的将是什么？市场是无情的，这样的状况如果持续半年，该企业一定会被踢出市场。史玉柱说："现在，我允许分公司少报销售计划，但绝不许谁报多了（却）没有完成。最初时，有好几个分公司领导因此一个月被罚了十几万，如今'说到做到'在公司内部已基本实现，公司内部的信用危机消除了。"

史玉柱说："比如，在这些中小城市的网吧里，我们两家（征途和网易）争着贴招贴画，你盖我的，我再盖你的。如果我们的招贴画被对手盖了，我们的人肯定会在24小时之内发现，而对方多半一个礼拜都不去看一下。再比如，招贴画大家相互盖，而我们的人很快想出一个妙招，就是把招贴画做得比对手大一圈，边上全部写上‘征途’，让对方（无论）如何都盖不完。这就是执行力的差异。”

一件事情最终能否取得成功，执行力才是决定因素。因此职场人如果能把握好这最关键的一环，一定会脱颖而出，赢得更好的机遇，更快地实现自己的创业梦想。

失败的教训才是深刻的

每个人都希望一切顺利，但每个人都会经历顺境和逆境。身在职场我们应该以开阔的心态应对变化，在逆境中求得发展。为之后即将到来的机遇做好准备。

人在成功的时候是学不到东西的，人在顺境的时候，在成功的时候，沉不下心来，总结的东西自然很虚。只有失败的时候，总结的教训才是深刻的，才是真的。史玉柱说："人只有在低谷的时候，一个人很凄凉的那种环境下，才能去认真琢磨些事儿，现在那些做得好的，你去跟他们谈，他们的口气跟我当年一样，你不信去谈谈，都是好像天下老子第一，这个事我也能做，那个事我也能做。事实上每个企业、每个人真正能做的事很少，适合自己、能做成功的事实际更少。"

专业化是职场人员必备的工作素质，只有专业能力提上去了，超越了一般的专业平台，做到精准、尖端，才能在自己热爱的行业脱颖而出。对于专业化素质，史玉柱说："以前各行业竞争不激烈，你什么也不懂，但只要你进去别人没进去，你就很容易赚到钱。现在竞争激烈了，专业化是非常必要的。但是很多企业和个人还是沿用过去的思维，即便现在我也有这种认识，有几次我也没忍住，把投资报告提交给（决策）委员会，都被枪毙了。专业化不仅对中国企业适用，全球行业的发展趋势肯定也是走专业化道路。”

在没有把握的情况下，不要盲目跟风做事，要好好做个分析，分析一下这件事的利弊得失，然后着手改变每一个可能导致问题的前期状况。来看看史玉柱是怎么做项目的吧：“我现在做项目都是先假设这个项目是失败的，比如网游，假如我现在失败了，我首先要考虑财务状况，我能不能支持住？然后看如果要失败，有哪几点可能导致失败？比如，第一点我的产品不好，第二点我的人员有可能流失等等，罗列了十几点，然后我再看这十几点，一一想办法解决。这么一轮下来以后，实际上这个项目的风险反而下降了，如果只是因为看盛大赚很多钱、网易赚很多钱，就仓促决定投资，往往考虑得就不那么深入，最终导致失败。”

在逆境中求发展，需要的是沉淀和积累。你春风得意的时候想前进想得多一些，沉静的时间少一些，那么这段时间的积累相对来说是比较少的。身处逆境的时候，反思得多一些，因此收获也会多一些。逆境时不需要泄气，只需要沉住气就可以。要相信，有潜心修炼之时，必有修成正果之日。耐得住性子，沉得下心，明天的硕果会更大。

反思失败的原因

身在职场，如果不能改变起伏跌宕的现状，如果曾经在自大自满中失败，那就改变心态吧。

“巨人”成功之后，史玉柱成为一个著名的成功者，据史玉柱自己说，他最辉煌的时候净资产就有2亿人民币，1995年他被列为《福布斯》中国大陆富豪排行榜第8位。当珠海巨人倒掉后，他的负债足有2.5亿人民币，成了中国最穷的人，也成了最著名的失败者。史玉柱从辉煌的成功到惨淡的失败，只用了3年的时间。

对任何一个人来说，面对这样起伏不定的跌宕，面对这样惨重的失败，除了调整心态总结失败的教训还能做什么呢？谁不懂得改变心态，谁就寸步难行。

史玉柱说：“当巨人一步步成长壮大的时候，我最喜欢看的是有关成功者的书；在巨人跌倒之后，我看的全是有关失败者的书，希望能从中寻找到爬起来的力量。”

“作为曾经失败过，至少有过失败经历的人，应该经常从里面学点东西。”

当珠海巨人垮塌之时，史玉柱也经受了沉重的打击，但聪明人除了帮自己减少来自情绪压力的同时，更多的是反思导致失败的问题。自从失败之后，史玉柱每天都思索着自己究竟错在哪里？为了找出问题的症结所在，他把报纸上骂他的文章读了个遍，骂得越狠的他看得越认真，他要看看别人对他的失败作何诊断。即便如此，他仍然担心自己反省的不够深刻，于是组织公司内部开“批斗大会”，让公司内部的人给他提意见。史玉柱说：“我曾经把全国分公司的经理召集到黄山脚下一个招待所里面，专门开针对我的闭门批判会。大家批判我，批了3天3夜，甚至有人骂了我，但对我非常有用。”这一场场批斗下来，史玉柱学到了很多东西。史玉柱觉得成功的时候看到的东西大多是虚的，失败总是能让人沉下来反思。他说：“我印象最深刻的一句话是：‘这么多年来，你从不关心我们这些员工。’回头想，我真的不关心员工。”“成功的时候作的报告，大部分是虚的，只有失败的教训才是深刻的，才有含金量。我在1997年之前，挺风光的，也经常给别人作报告。现在回头一看，那些东西，第一是幼稚，第二是无意中在骗人，那些东西太虚了。人在顺境的时候，心浮气躁，总结的东西深刻不了。”

不仅仅史玉柱要面对失败，每个人都要面对失败。每一个在职场打拼的人都很希望获得成功，以便早日走出职场、走向更大的发展空间。但面对失败，他们的第一反应总是情绪，是一种不能接受错误，企图为自己找借口证明自己没有错的情绪，他们想说明导致错误的是其他原因。其实这是心态上的不转化造成的。要知道找借口的行为永远让人肤浅，**只有转化心态，面对错误，总结教训，并整理出一套对以后有利的方法才是你真正的收获。**

在不断的反思中，史玉柱逐渐找到了珠海巨人垮掉的原因，史玉柱说：“巨人倒下我觉得是必然的，它是客观规律。巨人为什么倒？表面上看是巨人大厦，实际上是因为我本人和我们的团队不成熟，我们这个团队很幼稚。即使巨人大厦没倒，如果巨人大厦盖起来了，还要倒，再倒的话，可能摔的跤更重，所以晚倒不如早倒。”

“巨人这跤我觉得摔得有点晚，所以摔得惊天动地全国都知道。如果再早两、三年，早三、五年摔，可能摔得别人都不知道，就像爬梯子一样，你爬第一层梯子的时候摔下来不疼，第二层摔（下来）就疼了，你爬了10层摔下来之后有时候是要命的。我们做了很多违背经济规律的，违背客观规律的（事），所以这样你必然是（要）摔跤的，这是必然的。这一跤是免不了的。”

珠海巨人失败之前，史玉柱大喊要成为“东方的IBM”，如此声势浩大的叫嚣，最后结果竟然是珠海巨人的垮台，随之而来的是巨额债务和应接不暇的骂名。直到失败之后，史玉柱才有所悟。他说：“人只有在低谷，才能学到东西，所以那段低谷的东西才能作为衡量后面事情的一把尺子。”

“正是因为失败过，（所以）比起一直在顺境中的人，在带领企业，在管理、产品、营销策略上，哪些能做，哪些不能做，我特有体会。”

2001年史玉柱在接受媒体采访时说道：“现在反思，珠海巨人当年的倒下是必然的，那时不倒，以后也要倒，早倒比晚倒好，就像学步的孩子，早摔跤比晚摔跤好，中国的民营经济这么年轻，没有磕磕碰碰，怎么会长大。你看李嘉诚创业的时候不也是（有）几次想（要）跳楼。”

“珠海巨人的倒下，我至今认为不是因为做了脑黄金，而是倒在巨人大厦上的。脑黄金毕竟还产生了1亿多元的利润。”

“在计划经济向市场经济的转型时期，中国人都很浮躁，都在不同程度上带着历史惯性，尤其是人人都在做‘老板梦’，这给民营企业的管理带来不小的难度，我想这是不少民营企业最为困惑的。”

“巨人集团未来还可能会有波折，甚至会有更大的波折，对此，我有充分的思想准备，但是，无论波折多大，生存环境多险恶，我史玉柱也不会窒息，不会休克，只要我还有呼吸，我就还能继续往前走。这并不是在说大话。我已经经历过这么深刻的危机，今天，我在决策任何一个项目时，都会作最坏的打算，都会先估算一下，如果发生亏损，损失会超过我净资产的1/3吗？如果超过1/3，再大的诱惑我也不干。”

后来卖脑白金的时候，史玉柱吸收了以前失败的教训，他小心翼翼，如履薄冰。这其实是他心态的改变，是失败之后成熟的表现。我们在职场中做事也是一样，失败了，面对无法挽回的结果，单单沮丧是没有用的，只有迅速调整心态做好总结，下次才能避免类似的错误。史玉柱能够再度崛起的一个重要原因就是：他经历失败后愿意改变心态，从错误中学习。

宏伟目标是可怕的

行动大于口号，成就大于目标，这是从事情的实际意义出发对事情来做认同的。很多人从一入职开始就想象一个宏大的目标。实际上把目标定的太大并不值得提倡，所有事情都有个水到渠成的积累过程，目标太大了，一时间不能实现，反而成了又大又空的口号。扛着这样一个不能实现的口号，长时间下来，这些在一开始就给自己制订了远大目标的人们，跟他们刚入职的时候相比不会有多大起色。**只有把一件一件的小事做好，才能对所从事的行业有积累有认识，这样一步步走下去，才会在实践和思考中成熟起来**。对于你自己来说，口号这东西，不喊也罢，对于事情本身来说，你只要去做、去做好就可以了。

在珠海巨人失败后，史玉柱重新开始之后，他说："现在就没有那么大的口号了，目标就是把能够影响结果的每件事情做到最扎实、最透，把最下面的事情做到最好，公司不定定量的指标，把工作做到最好就行了，从过去这两个公司的成功来看，这种方法的确是最有效的，往往结果也最好。"

很多人都有一个宏伟的目标，想成为伟人的目标。但如果是在一个大目标的支撑下制定无数个切实可行的小目标，然后逐一实现这就是好的计划。如果目标定的太高了，高到一、两年、甚至三、五年都够不到，这样的目标就太宽泛了。

史玉柱说："十年前总提很多口号，比如'我要做中国第一大'等等，本来是想激励员工，事实上最后把自己也给骗了，自己都以为自己就是老大了。我后来发现定很高的目标是很可怕的，必然会违背经济规律，会让自己浮躁，让企业大跃进。回过头想想，巨人那几年确实乱得很。"

东山再起之后，史玉柱放弃了那些假大空的口号，他把对工作的要求改为：定性而不定量。他总是定一些阶段性的、贴合现实的目标，这些目标通过努力就能够做到。在确定一个目标之后，他将这一个目标分解成很多起决定作用的因素，然后有针对性地去解决这些问题。他说："把每件事做好。比如网游，影响网游这个项目能不能成功的因素，我分析了（有以下）十几个环节，从策划、研发、美术、运营、售后服务、分公司建设、管理、对外宣传，我的目标是把所有环节都做到极致。"

目标越大越容易范大跃进的错误。不以科学的理论分析为依据，不从现实条件出发，必然会损失惨重。不要贪大，从第一天入职起就不要只想着最后的辉煌，只有耐下心来，脚踏实地从小事着手，做好每一件小事，才能成就大事业。

从巨人汉卡到脑白金，再从脑白金到网络游戏"征途"，很多人认为，史玉柱第一次创业之所以能够成功，失败后又能东山再起，主要是因为他对暴利行业的追逐，史玉柱自己也说"只喜欢追逐高利润行业"，但如果你仔细研究就会发现，史玉柱成功的秘诀不在于他做的行业和这些项目，而在于他对消费者需求的了解。也就是说，抓住暴利行业的商机只是表象，背后隐藏的逻辑是史玉柱对消费者的需求看得比谁都清楚、透彻。

抓最关键的一环

任何一个行业都有最关键的一环，每一个想在自己行业中脱颖而出的人，必须看透自己所属行业中最关键的一环是什么。

比如在商业经营中，任何产品都要依托于市场，史玉柱说："我一般只抓市场调研，其他我管得不多，我觉得这个细节非常重要。自从'三大战役'失败后，我就养成一个习惯，谁消费我的产品，我就要把他研究透。一天不研究透，我就痛苦一天。"

给脑白金产品做市场分析的时候，史玉柱说："你要重视二、三级城市，现在大家创业很注重北京、上海、广州等一级城市，但你分析一级城市占全国人口的比重就是3%多点，4%不到。省会级城市和一些像无锡这样的地区性中心城市加在一起，要远远超过一级城市，而再小一些的城市，比如各省里的地级市，全国有380多个，这个市场又比省会城市更大，县城和县级市更是难以估量。"

在成功的市场运作下，脑白金终于为史玉柱打了一个大大的翻身仗。

任何事情总有它最关键的一环。而市场永远是商业产品经营中关键的一环。史玉柱说："我培养了一支队伍，他们必须下市场，我要求他们每个月必须至少跟100个消费者进行深度交谈。必须本人拿着产品上街推销，推销不出去就罚钱，卖掉了就作为奖金。这就逼着他们在推销的过程中去完善他们的（销售）说法。一旦他们的（销售）说法见一个消费者就成功一个，就把他们的话总结下来，变成广告。我的策划从来都是到市场里面去，从消费者那里学来的。”

每个行业中最关键的一环，永远有着至关重要的地位。工作中，一个敏感的有心人不应该只关注自己所从事工作的某一个环节，应该弄明白在这个行业中，哪一环才是最关键的、起制约作用的一环。**想要成为某个行业中不可代替的精英，想要在这个行业中有所发展，并以此为奠基实现自己的梦想，就要紧紧抓住不可代替的那一环，比如技术、比如销售。**

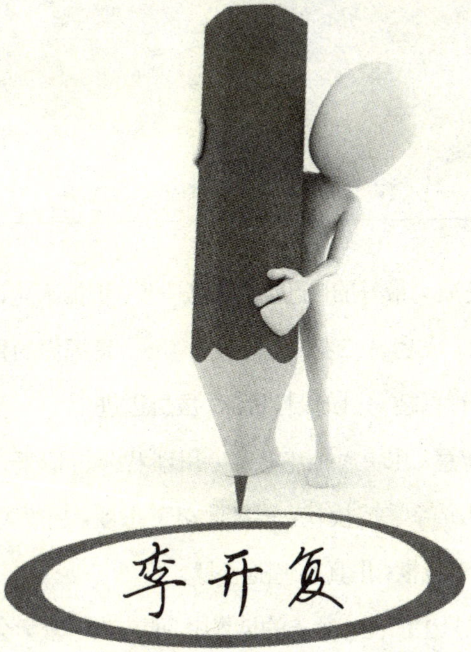

5 挫折不是惩罚，是学习的机会

我们要有勇气来改变可以改变的事情，有度量接受不可改变的事情，有智慧来分辨两者的不同，懂得在挫折中学习和成长。

成功就是成为最好的自己，成功第一步：把握人生目标，做一个主动的人；成功第二步：尝试新的领域，发掘你的兴趣；成功第三步：针对兴趣，定阶段性目标，层层迈进。

选择的智慧：用中庸拒绝极端；用理智分析情景；用务实发挥影响；用冷静掌控抉择；用自觉端正态度；用学习积累经验；用勇气放弃包袱；用真心追随智慧。

你不可以只生活在一个人的世界中，而应当尽量学会与各阶层的人交往和沟通，主动表达自己对各种事物的看法和意见。

不要把社会、家人或朋友认可和看重的事当作自己的爱好；不要以为有趣的事就是自己的兴趣所在，而是要亲身体验它并用自己的头脑做出判断；不要以为有兴趣的事情就可以成为自己的职业。

自信，没人能给，更别自己摧毁

自信是一种非常重要的个人素质。一个人面临工作的压力和挑战，面临我们从未从事过的工作，如果他是一个不自信的人，他会推脱自己从来没有做过这样的工作，没有经验，也没有信心做好。他表现出来的态度已经很难让人放心地把工作交给他了。想一想，他的工作前途将是什么样子？有哪一个上司敢重用不自信的员工呢？如果他是一个自信的人，他就能鼓励自己："我一定能行，我一定可以突破自己的局限，以最好的心态和最好的方式完成这件事情。"对于这样充满自信的员工，每一个上司都会不断地把更重要的事情交给他去做，他的资历积累也就越来越丰富，他也就能越来越快地靠近自己的梦想。

李开复说："自信就是相信自己能够成功，并因此形成坦然面对一切艰难险阻的心理状态，自信是对自身能力的正面评估，是一种健康、积极的个人品质，是成功的关键。”

对于自信的人，李开复的评价也相当精准，他说：“自信的人敢于尝试新的领域，能更快地发现和发展自己的兴趣和才华，也更容易获得真正意义上的成功；自信的人更快乐，因为他不会时刻担心或提防失败。自信才能有主见，才能做出他人从未做过的事情。自信的人每取得一点胜利，就会有一种非凡的成就感，即便遇到挫折，自信的人也能从经验中获取继续前行的勇气。此外根据同理的反射理论，自信的人会因为自信而信任他人，他们重诺守约，善于在团队合作中发挥自我的价值。”

相对于自信的人来说，自卑的人看事情总是着眼于消极、悲观的一面。他们忽略了积极的成功的一面，总是接受一些来源于外界的消极认识，并一直给自己输入消极的暗示，从而导致身陷自卑不可抽身自拔。

有些事情的成功取决于我们如何看待自己。

小王和小张在去年同期同时进入了一家销售公司，今年6月初公司接了一个大项目。公司总裁先找小王谈话，问他对这个项目有什么看法，小王说了一些具体而颇有见解的看法。总裁忽然问小王：“如果让你负责这个项目的实施，你觉得怎么样？”小王惊讶得连连摆手：“这哪行啊，我是个入职不到一年的新员工，经验不足，能力有限，我觉得自己不行，我担心把这么大的项目做砸了。”

总裁客气地送走了小王，把小张叫到办公室。他也同样跟小张谈起了这个项目，说想听听小张怎么看，小张的看法跟小王的看法颇为相似。总裁点点头说：“那如果让你负责这个项目，你看怎么样啊？”“求之不得啊！”小张高兴得脱口而出，“谢谢您信任我，如果真让我负责这个项目，我一定竭尽全力做好。这虽然是一个大项目，但我可以分解成几个环节逐一解决问题。虽然我的经验和能力可能和这个项目不匹配，但请您相信我有足够的学习能力和独立解决问题的能力。”总裁看着小张坚定而自信的表情，下定决心把这个项目交给小张负责。

按照总裁原来的意思，是想让小王负责这个项目的，小王学历比小张高，一些见解也略胜于小张，却一直和小张平行前进，总裁一直认为小王缺乏施展才华的广阔空间和平台，直到他看到两个人对这个项目的不同反应，他才明白：“原来真正的原因是小王自信不足。”

李开复说：**“自信的秘密就是永远相信自己有足够的潜能力，并因此尊重和鼓励自己。”**其实每个人都有自己的优势和特长。例如上述事例中的小王本来能力不错，总裁也决定让他负责这个项目，结果小王却因为不自信而失去了一次成长的机会，而且在今后的工作中这种机会将会离他越来越远。每一个人都要懂得，面对一件事情的时候，自信是最核心的力量。

事后认真反省，努力改变自己

没有永远不犯错误的人，所以工作过程中出现一些失误或者错误也不是罕见的事，主要是看你如何对待这些错误。用李开复的话说就是：“事后认真反省，努力改变自己。”

经验和教训不是让人来自豪或自责的，他们有着同一个作用，那就是让你深入思考，获得一些有价值的道理或者具体方法，然后将前进的脚步迈得更坚定。

一般情况下，当人们得知犯了错误时，第一反应是情绪而不是反省自己。当别人问他错误的原因时，他们总是会找一些借口来说明这错误跟自己无关，这分明是其他原因造成的，只是我运气不佳恰好赶上了。别忘了，你自己不愿意承认的错误，总有人会帮你说出来，借口掩盖不了真相。所以面对错误的时候，最好是坦诚的承认错误，并积极地想办法补救。

遇到错误能反思自己，这是一个优秀者最可贵的品质。能反思才会发现自己的不足，发现不足才能有所提升。一个不懂反思的人从某种角度说是自我封闭、不求进取。试想一下，最能给人警醒的是什么？是我们认为本该正确的情况下却出乎意料地出现了错误，这一定跟我们最初的思路或者执行的过程有关系。

无论我们能否及时找到原因，面对错误，必须反思关于这个项目的每一个细节问题。反思会给你一种更有意义的积累。会让人们认识到，自己的这种思维方法有欠缺，不足以支撑这种情况进行下去。也会让我们明白，这种操作方式理论上看似成立，实则在运用中尚有不足，会出现差错，要么我们去做方法上的完善，要么我们去查找理论上的漏洞，要么换一种更合适的方法来处理今后遇到的类似问题。

反思之后得出的结论总有让你受益无穷的价值。每一个在职场中拼搏的人，每一个想让奋斗之花结出硕果的人，都要学会反思，要知道，有反思才有前进。

向上司争取一个机会

勇气是一种豪情壮志，是一种内在的力量和激情，缺乏勇气的人就会缺乏获取成功的热情和不懈努力的精神。取得成功者都是有勇气的人，那些在科学领域有突出成就的人，总是不畏权威，敢于否定那些教条的经验和那些所谓的一成不变的规律。

智慧是一种灵慧，有时候也体现为巧妙的方式。

在职场中，论资排辈的现象不少见，因此一些有建树有思想的职场新人，往往不知如何打破旧的陈规，将自己的新方法应用于工作中。这时候，这些职场新人就需要有勇气有智慧了。你可以向上司争取一个机会，告诉他你这样做能带来的效益。对于上司来说，能赢得商业利益是最有价值的说服方式。**当你在争取来的机会中取得胜利的时候，你的想法就会被认同，你也会因此获得更大的发展机会。**

李开复曾经讲过这样一件亲身经历的事情：有一个求职者问他，自己找到一个极为感兴趣的工作，而且通过这份工作可以学到很多东西，但是这家公司比较小，在生产经营上存在不小的风险，相对大公司来说不安稳，没有永恒的保障，他应该怎么选择？

李开复说："对于一个毕业生来说，机会比安稳重要，事业远比金钱重要，未来远比今天重要。”

刚毕业的的求职者在机遇面前犹豫不决、寻求职业安稳，是勇气和智慧的缺失。勇气和智慧是职场人决胜千里的良好武器。李开复借用一位美国大企业家的话进一步说明了勇气和智慧对一个职场人的重要性，他说：“美国一位大企业家曾经这样建议，‘年轻人需要多犯错误，因为错误是事业发展的最好燃料，错误让你懂得如何扭转逆境。我们只要学会如何不再犯同样的错误就可以了，坚持这样的原则，你会比那些保守的人更容易成功。’”其实，这位企业家所说的坚持犯错误的原则，就是鼓励年轻人有尝试和创新的勇气，有认同并选择自己目标的智慧。

最应该切记的一点是，勇气和智慧要同时具备，这样你的勇气才不是匹夫之勇。如果有两个人打架，其中一个身材矮小、没有力气，另一个人相对来说比较强大。那么这个个子矮小的人应该怎么办呢？他是誓死不认输地打下去用这种愚勇吓退对方呢，还是应该暂时避免可能出现的风险然后再然后再想办法制服对方呢？当然我们都知道最后一种方法比较安全，既能够自保，也能够用智慧让对方服气。所以我们平日处理工作中的问题时一定要把勇气和智慧相结合，要学会在勇气和激情的支撑下以用智慧做出冷静客观的判断。

宽容才能阔步向前

一个人只有拥有一颗宽容的心，一个浩瀚如海的胸怀才能装得下工作和生活中的各种事情，才能阔步向前不受任何障碍的羁绊。

李开复在《做最好的自己》一书中讲了个某新员工撞了比尔·盖茨的车的故事：在微软公司，有一次一名新员工开车上班，不小心撞到了盖茨停在路边的新车。当这位新员工听说自己撞到的是比尔·盖茨的车时，一下子变得惊慌失措，不知道该怎么处理。无奈之下，他向自己的部门经理讨教方法。没想到这位经理平静地告诉他："没关系，不要过于担心，你只需要给盖茨先生发一封道歉的邮件就可以了。"

这位新员工只好依照部门经理的办法，给盖茨发了一封邮件道歉。当他忐忑不安地把邮件发出去的时候，心里其实并不轻松。直到收到了盖茨回复的邮件他才真正放下心来。因为盖茨在邮件里对他说不用担心，只要没伤到人就好了，并且对他加入公司表示欢迎。比尔·盖茨的宽容和热情深深打动了这位新员工。直到此刻他才明白，为什么微软公司可以吸引众多不同个性、不同文化背景的杰出人才为公司贡献力量。原来开放自由的企业文化才是吸纳人才的灵魂文化。

从某种角度说这是一种更大的包容，盖茨能够包容一个新员工的撞车行为，便能包容先进的技术、先进的产品、超越常规的想法和特立独行的商业营销等等。也正是因为这种包容的胸怀，才有了今天的盖茨和今天的微软。

每一个身在职场，却想在获得足够经验和足够资金的情况下独立创业的人，都应该具备这种包容之心，包容是迈向成功道路上的一个重要条件。

“海纳百川，有容为大”，“地低为海，人低为王”这些千古名言将宽容的作用一语道尽。在纷繁的琐事、复杂的关系中，一旦我们陷下去，将会被这些无穷无尽的小事缠住手脚，所以最好的办法就是放得开、由他去。**无论怎样，你都要紧盯着你的目标，那些小事儿不能成为你前进中的障碍**。

一个想走出职场创立自己事业的人，除了做好资金、能力上的准备之外，还应该有意识地培养自己的胸襟和气度。让自己成为一个懂尊重、有涵养、胸怀开阔的人。

合作共赢，关键是目标的统一

合作共赢是一种团队合作观念，这种观念无论对个人还是集体，都是一种建设型模式。

李开复说：“团队合作指的是一群有能力、有信念的人在特定的团队中，为了一个共同的目标相互支持、奋力合作的过程。”

合作才能共赢，关键是目标的统一。如果你的发展目标和公司的发展目标是一致的，或者你的个人阶段性目标包含在公司的发展目标之中，那么你就很容易和公司达成共赢模式。如果你的个人目标和公司的发展目标不能统一，即便通过与公司进行项目上的沟通和思想上的交流仍然达不到统一，那你就该考虑重新选择发展平台了。

选择和自己的发展目标相一致的发展平台是能够达成合作的第一步。

合作的第二步便是合作的观念问题了。你要知道，公司是一个对内面对多个员工，对外面对多种渠道的开放的集合体。如果你过多地强调个人意志而忽略了整体利益，那么任何一个公司都绝对容不下你。合作不是把自己的意志强加于公司的利益之上，不是掠夺而是共赢。

合作的第三步是杜绝个人英雄主义。兴盛公司最近聘用了一个新员工小李。小李确实很有才华，每次接手项目之后都很积极努力，做事情比这个小组中的任何人都快。但是小李自私狂妄、不善团结，而且居功自傲、不信任任何同事，这常常让其他同事感到不快。后来和小李一组的同事渐渐辞职离开公司，小李在工作中的个人英雄主义也越来越不被公司认同和接受。最后的结果当然是小李被公司解聘。所以在工作中，合作共赢远远大于个人英雄主义。

这个时代，单凭一己之力很难作出成绩，也很难实现自己的目标，只有学会帮助他人并且获得他人的帮助，才能迅速帮助我们打开胜利之门。因此，身在职场，要懂得抓住每一个能为我们带来突破性的发展机会、赢得人生的转机。在信息发达的现代工业社会中，靠单打独斗成功的可能性越来越小，因此，合作共赢的观念对每一个有抱负的职场人来说都越来越重要，越来越不可忽视。你需要有人告诉你什么是对的，什么是错的，需要有人给你指点迷津，这远比靠自己去磕碰、领悟效率高。

停下来，给心灵一点儿补给

忙碌中要懂得放松，放松是为了更好地向前走。一个人的心弦绷得太紧就容易断，所以学会放松自己才能让内心和精神得到恢复，这就像给发动机加油，只有永远保持有足够的油，才能有足够的力量按自己的方向走下去。

放松的方式有很多种，但有一种是最为关键的，那就是表达自己。找一个高度信任的朋友倾听自己的真实想法。李开复说："在自己的人际网中，需要一些彼此高度信任的、一辈子的知己。在寻求成功的道路上，这样的友谊弥足珍贵。"人生就是一个矛盾体，奋斗的道路上充满了快乐和痛苦、得意和失意，有人分担痛苦，痛苦就会减半；有人分享快乐，快乐就会加倍；与朋友的沟通能够滋润你的成长。

李开复说：**"无论是驱逐悲伤或是获取快乐，都需要从倾诉和交流中得到正面的激励。"**

职场的压力本来就大，如果缺乏倾诉和沟通，很可能会影响情绪，直至影响自己既定的目标。

小王是某机械公司的杰出销售，每次别人拿不下来的客户，只要小王出面，绝对搞定。由于他的销售业绩突出，同事们给他起了个别名叫

"常胜将军"。小王的领导也非常器重他，计划后期让小王自己带一个销售部。

销售工作是所有工种中压力最大的工种，别看小王平时和客户打得火热，那可都是因为摸准了客户的心思想出了对应的交流办法。工作闲暇之余，小王其实很孤单，刚来这个城市两年的他，交际圈子除了那些客户就是同事了，真正能和小王做内心交流的朋友一个也没有。

由于小王长期处于工作压力之中无法舒缓，很多生活工作中的隐秘问题也找不到一个合适的朋友倾诉，除了必要的工作沟通外，他逐渐变得沉默寡言起来。一年之后，这个在公司销售业绩中一直三连冠的优秀销售人才终于向公司打了辞职报告。

公司领导还以为小王是对待遇不满，或者想寻找更大的发展空间而跳槽去别的公司呢，但经过详聊才知道，原来小王是想回原籍做普通的文职工作。对于一个优秀的销售来说，这似乎不可思议。但小王说自己经济收入的日益增加和越来越封闭的生活成了鲜明的对比，因此他想回到他的朋友当中，他想要那种内心的快乐。他在这个城市没有一个可以倾吐的朋友，他觉得这是自己3年来最大的失败。

在众人的惋惜声中，小王最后还是以落寞和失败的心态离开了，他刚到这个城市时的宏伟志向、远大抱负，都因为缺乏内心交流这一个生活要点而化为烟尘远去了。内心的舒缓和放松可以给自己的理想充电。而小王恰恰是因为无法进行这种充电，最终才让紧绷的弦断开了。

当代职场上有很多这样的例子，一些不懂得内心倾吐的重要性的人，一些忽略了心理放松的人，一直忙于工作、忙于奋斗，当某一天忽然很疲惫时，就再也提不起精神来，再也找不到原来那股拼搏奋斗的劲儿，其实他们是缺乏适时的放松。

你见过一路往前奔跑的人永远不停下来休息吗？他们难道就那么一直跑下去不用补充任何食物和水吗？人就是人，谁若把自己当成了不需要休息的神，那他一定会在某个路段上忽然倒下去，然后再也起不来，要知道，成功并非一时，事实上不到人生的最后一刻也没有永远的成功，努力应该成为一种习惯，奋斗之路不能只拼一时间的短跑，张弛兼备才是最好的前进方式。

6 不要为别人而活，不要被教条所限

不要活在别人的观念里，不要让别人的意见左右自己内心的声音。最重要的是，勇敢地去追随自己的心灵和直觉。

我们每个人想要的都很多，想实现的梦想也有很多，但是，人这辈子没法做太多事情，因为人生苦短，只有将有限的事情做到精彩绝伦，才能用正确的方式度过一生。

不遵从别人，不遵从权威，未必就是坏事。只要你有摆脱束缚坚持自己信念和做法的勇气，只要你敢于在众多批判的声音中行动，用自己的成功来解释一切，你就是一个内心强大事业成功的强者。

热爱自己所从事的工作，是支持一个人在某一行业不断前进的唯一理由。

如果谁有一份成功的梦想，那就不能随波逐流，看准了就要勇敢行动，否则机会错过，而且这机会可能永不再来。

人可以不伟大，但不可以没有责任感

一个人责任感的强弱决定了他对待工作是尽心尽责还是浑浑噩噩，也就是说，责任感决定了一个人做事的质量。事实上，**只有那些具有很强责任感的人，才有可能被赋予更多、更大的使命。**

一起来看看乔布斯在为事业奋斗中表现出来的责任吧：在苹果走向衰弱之后，乔布斯回归苹果，在两年多的时间里，乔布斯带领苹果计算机公司走出了困境，让苹果又“红”了起来。乔布斯再次成为人们崇拜的偶像，因为他完成了一个几乎不可能完成的任务，他拯救了苹果，成为了苹果的英雄。然而，好奇的人们不禁连连追问：“乔布斯为什么能够拯救苹果？”

对于这个问题的答案，责任感应该排在第一位。“我爱苹果”，乔布斯无论在什么场合都如是说，他对苹果的热爱绝对不是对苹果CEO这个位置的钟情，只是因为这个位置能让他更好地为苹果做点什么。

对于身在职场的我们来说，责任感决定了工作成果。因为一个有成就感的人不会应付工作，强烈的责任心让他觉得只有把工作做到位才会心安。也正是因为这一点，手头的工作变得更有意义了。试想一下，面对一个对工作极其负责的人和一个应付工作的人，上司会把重要的工作交给谁？答案不言自明，谁肯让一个不负责任的人去承担更重要的工作呢？这样工作责任感就给了负责任者一个更高的平台，他可以在更广阔的空间里展现自己的才华。

在拯救苹果的过程中，责任感在乔布斯身上体现得尤为明显。那究竟什么是责任感？爱默生说："责任感具有至高无上的价值，它是一种伟大的品格，在所有价值中它处于最高的位置。"需说明的是，责任感与责任不同。责任是指对工作的一种负责和承担，而责任感则是一个人对待工作、对待公司、对待社会的态度，是对自己要去做的事情有一种爱。

一个有责任感的员工，对于任务会力求做到尽善尽美，争取将工作做到100分，这种人将最终赢得尊敬和荣誉，成就卓越；而一个没有责任感的员工，他仍然可以按照要求完成任务，但是他只会做到60分，他不会花额外的心思将工作做得更好。

比尔·盖茨曾对他的员工说："人可以不伟大，但不可以没有责任感。"责任感是一个人品格和能力的承载，也是一个人走向成功所必备的素养。

责任感是我们战胜困难的强大精神力量，它赐予你勇气去排除万难，甚至可以驱使你把"不可能完成"的任务完成得相当出色。如果缺乏责任感，即使是做最擅长的工作，你也可能会做得一塌糊涂。

“当我重返苹果公司时，情况远比我想象的糟糕。苹果的员工被认为是一群失败者，他们几乎将放弃所有的努力。在最初的6个月里，我也经常想到认输。在我的一生中，从来没有如此疲倦过，我晚上10点钟回到家里，径直上床一觉睡到第二天早晨6点，然后起床、冲澡、上班。”一切都是那样糟糕，几乎所有的人都在看乔布斯如何惨败收场。然而，乔布斯没有退缩，对苹果的挚爱让他勇往直前，他下决心要拼尽全力来挽救苹果，无论在别人眼里苹果是如何的不可救药。最终，他做到了。

乔布斯为苹果付出的一切远远超过了一个CEO的职责范围，是什么力量可以驱动他这样做？“我爱苹果”，这是唯一的答案。

在带领苹果计算机公司走出泥沼后，苹果计算机公司董事会许可乔布斯购买苹果公司1000万股普通股的股票期权，同时还赠送一架湾流5型飞机作为对乔布斯的奖励。所有人都认为这是乔布斯应得的，因为在乔布斯重掌苹果的这几年里，苹果计算机公司的市值从20亿美元不到一路飚升到了160多亿美元，而为此呕心沥血的乔布斯却一直领取着1美元的象征性薪水。

什么样的精神让他不计回报只求付出呢？是爱，是责任感。成功是对乔布斯的奖赏，也更是对他那种伟大的责任感的奖赏。

事实上，只有那些具有很强责任感的人，才有资格获得更大的荣誉和成就。这一点正是成功者和失败者、平庸者的分水岭。成功者无论做什么，都力求尽善尽美，任何细节都不会轻率疏忽，绝不敷衍了事。西方谚语说：“一盎司的责任感胜过一磅的智慧。”带着责任感工作时，你可以积累更多的经验，你可以在全身心投入中找到快乐。或许这种习惯不会有立竿见影的效果，但终将辉煌。而当懒散敷衍成为一种习惯时，人做起事来就会不诚实，粗劣的工作自然带来粗劣的结果，人们会轻视你的人品。

当责任感成为一种习惯，成了面对生活的态度时，你就会自然而然地担负起责任，而不是被动地、刻意地去做，自然不会觉得麻烦和痛苦。当你意识到责任在召唤你时，你就会随时放弃别的什么东西来履行责任，而且不会觉得这种放弃有多艰难。

把一件事做到极致

我们每个人想要的都很多，想实现的梦想也有很多，但是，人这辈子没法做太多事情，因为人生苦短，只有将有限的事情做到精彩绝伦，才能用正确的方式度过一生。

《动物世界》里有这样的画面，发人深省：狮子潜伏已久后，突然迅速展开攻击，无数的羚羊四处逃窜、惊叫，但在狮子的眼中，只有它最开始认定的那个目标。只见它疾驰飞奔，犹如电闪一般，死死咬住猎物的咽喉直到其死亡，然后它开始美滋滋地享受它的战利品。

面对众多羚羊，狮子完全可以去抓一只离自己最近的，为什么它只是盯着一个目标不放？这是一种生存的智慧。狮子懂得，再优秀的猎手也不能同时攻击跑向两个不同方向的猎物，只有集中自己的精力去追赶一个目标，才能得到窥视已久的美食。这是它们生存下去的唯一正确方式。

来看看有些人对待目标的方式吧：有些人雄心壮志，列了一大堆目标，朝三暮四，这山望着那山高，结果，分散了精力和时间，最后没有一件事情是做得精彩的，都是浅尝辄止，没有任何能拿出手的成绩。纵然这些人工作努力，甚至经常加班加点，但收效甚微。原因就是用了错误的方式去做事情，没有集中精力和时间，没有全神贯注去做好手头的每一件事。

苹果为什么能够在众多平庸的厂商中脱颖而出？为什么乔布斯能成为“最受膜拜的CEO”？这与乔布斯个人的鲜明特点分不开。那就是他是一个完美主义者，虽然有些事情连狂妄的乔布斯也说“无能为力”，但他要把他所经手的每一件事情都要“精雕细琢”，他看不起那些达到“及格”就满意的人，只有“百分百”才是他的追求。可以说，乔布斯完全是“没有最好，只有更好”这一信条的忠实执行者。

从硅谷出发，沿着101高速路向北而行，驱车半个多小时，就会临近那座举世闻名的城市——旧金山。随着这座城市的轮廓一点点靠近分明，时尚的气息有如海风扑面而来，你体内的血液也会随那逼人的繁华而加速奔腾。就在此时此刻，路边一块巨大的广告牌会猛然攫取你的视线，令你震撼：一个青年热舞中的黑色剪影，头发也随之翻飞，如此奔放、狂野。在背景纯粹的绿色块与黑色的剪影之间，青年手中的白色小盒子和耳机细长的白线犹如点睛之笔，无比简约、无比张狂，演绎着喷薄的激情和不可一世的青春。

巨大的广告牌上，没有商标，也没有一个字，但全世界的人都知道：那白色小盒子是ipod，来自那只被咬了一口的苹果。

谁的广告能如此奔放、如此写意，于瞬间掀起人心底的潮汐？透过这不羁的广告，我们仿佛窥见了它背后那个不羁的灵魂人物。这个人就是乔布斯，一个令人爱恨纠结的天才，一个喜欢把每件事都做到精彩绝伦的偏执狂！

这正如乔布斯自己所说：“人这辈子没办法做太多事情，所以每一件都要做到精彩绝伦。因为，这就是我们的宿命。人生苦短，你明白吗？

因此，这是我们为人生做出的选择。我们本可以在日本某个地方的某座寺庙里打坐，我们本可以扬帆远航去环游世界，（苹果公司）管理层本可以去打打高尔夫，且他们也本可以去掌管其他的公司，但我们全都选择了在这辈子来做这样的一件事情。因此，这件事情最好能够他妈的做得好一点。它最好能够物有所值。”

相比其他公司，苹果的产品要专注得多。这是因为，乔布斯擅长做减法。1997年8月，苹果公司董事会正式任命乔布斯为临时CEO。当下属将产品目录提交给乔布斯看时，他的眉头皱了起来。因为此时苹果公司的产品线十分宽泛，从喷墨打印机到Newton掌上电脑，大约有40种，而且这些产品中的一类又有多个系列，每个系列又有十几种型号，这些产品很少在市场中处于主导地位。乔布斯花了3个星期也没搞清楚这些复杂产品型号之间的关系。他说：“如果连我都无法弄懂这一点的话，顾客怎么可能弄得清楚？”

乔布斯一向崇尚简约，他下令削减产品线。于是，苹果公司的产品一下子被缩减到了4种，Newton掌上电脑被列为裁撤项目。Newton掌上电脑是苹果公司上任CEO斯卡利的倾力之作，以致于很多人认为乔布斯是公报私仇。但对此，乔布斯解释说：“你们可能无法想像有多少人认为我们放弃研发Newton是一种不可思议的举动。但是我一直在反思，掌上电脑真的那么有用吗？据我了解，一年前在很多地方，使用这种产品的人曾达到了50%，但是现在已经减少到不足10%。掌上电脑的兴盛和衰落都是快速的。”虽然有很多人仍持有异议，但乔布斯的观点符合当时的技术趋势，整个掌上电脑行业确实随后开始没落了。

乔布斯知道，同时做太多事情，那么最后的结果是一件事情也做不好。必须将有限的精力投入到有限的事情中去，才有可能发挥一个人的聪明才智，激发一个人的创作灵感，**只有将一件事情做到极致、做到精彩绝伦，才能做出成绩，才能获得成功**。

在生活中，我们经常听到有人抱怨，抱怨自己找不到合适的工作，抱怨没有施展才华的机会，抱怨自己应该受提拔而没有得到提拔等等。那你可曾问自己：为什么会造成这个结果？自己集中精力做好一件事了吗？外面的世界很精彩，我们每个人想要的都很多，想实现的梦想也有很多，但是，人这辈子没法做太多事情，因为人生苦短，只有将有限的事情做到精彩绝伦，才能用正确的方式度过一生。

乔布斯永远知道当下最应该做的是什么？也正是每一个有理想的职场青年最应该学习的一点。面对一件事情，不要只为了做而坐，也不要单纯地模仿别人，在开始一件事情之前，要弄明白是否还有其他更重要的事情需要完成。要永远明白自己在第一时间该做什么。而且要像羚羊一样知道如何专注于目标去完成当前的事情。

你不需要任何权威来评断你的使命

大胆追随自己的使命吧，不要让别人来评断自己的选择，违背所谓的“正统逻辑”未必就没有好下场，你的使命你做主，你不需要任何权威来评断你的使命，哪怕这个权威是比尔·盖茨。

研究表明，有超过50%的人工作起来不快乐。在这些人当中，很多人都做得很好，但他们做的都是自己内心并不喜欢的事情。他们为什么会这样并不难理解。因为人们总是被各种各样的决定所淹没，无论是工作、家庭、事业，还是未来，周围都会有人，如父母、朋友、师长，甚或是专家学者，为我们提供“宝贵”意见，那些在我们看来可能非常有意义的事情，可能会被他们看作无稽之谈，没有什么价值。

在这样的压力下，我们可能就会放弃我们曾以为很有意义的事情，最终可能会把精力转移到我们并不具备的才能和并不适合自己的职业中去。许多人都会选择那些可能出人头地的事情，而忘记问自己一些非常重要的问题。

你是否曾经坐下来认真想想你真正喜欢什么？擅长什么？你希望自己有什么样的成就？是什么阻碍了你的道路？绝大多数人都没有问过，他们只是接受了他们“应该”做什么，而不是花时间弄清楚他们“想”做什么。

而乔布斯与我们大多数人恰恰相反，他是花时间弄清楚自己“想”

做什么，而不是“应该”做什么，更不是谁来“告诉”他做什么，哪怕你是权威也不行。当他认定了自己的使命时，谁也别想干预他。

1996年12月17日，全球各大计算机报刊几乎都在头版刊登了“苹果收购Next，乔布斯重返苹果”的重大消息。此时的乔布斯，已不是当年被逐出苹果时的落魄模样了，他的皮克斯公司因为在第一部电脑动画片《玩具总动员》中的胜绩而名声大振，之后他又将公司成功上市，其身价暴涨逾10亿美元。而相形之下，苹果公司却濒临绝境，人们都认为它很快将成为历史，谁也不能挽救它走向败亡的命运。但乔布斯还是义无反顾地回来了。

《玩具总动员》的海报上大篇幅刊登了“乔布斯于苹果危难之中重新归来，苹果公司上下皆十分欢天喜地”的消息。就连苹果公司当时在任的CEO阿梅利奥也在迎接乔布斯的欢迎词中说：“我们以最隆重的仪式欢迎最伟大的天才归来，我们相信，他会让世人相信苹果电脑是信息业中永远的创新者。”乔布斯重归故里，完全是因为心中有使命。

然而，在如此时刻，却有人对乔布斯的回归颇有些“嗤之以鼻”，这个人就是世界首富比尔·盖茨。

1998年，《名利场》杂志的鲍勃·科林吉里与当时的微软首席执行官比尔·盖茨有一段从来没有公开发表的谈话。MacDailyNews网站对此报道说，比尔·盖茨在那一次采访中对科林吉里说：“史蒂夫·乔布斯设法再一次控制苹果公司是在浪费时间。我搞不懂乔布斯为什么还要担任苹果公司的首席执行官。他知道他不可能会取胜。”

当然，比尔·盖茨有理由认为乔布斯的使命是没有价值的。当时，苹果公司的股票交易价格大约是7.25美元，苹果公司股票的市值是约为60亿美元。而微软当时的股票交易价格是29美元，市值接近2500亿美元。

从这个角度看，比尔·盖茨说的话很有道理，更何况比尔·盖茨是一个非常大的权威人物，当时在场的人大都相信比尔·盖茨的话，认为乔布斯的使命有点飞蛾扑火、自取灭亡，实在是“愚蠢的”举动。

谁会像乔布斯那样去经营自己的公司呢？人们用“魔鬼”、“暴君”、“偏执狂”等词来形容乔布斯时，就说明了人们对乔布斯的不认同，在1982年《时代》周刊的封面上，还年轻的乔布斯不过被看作一个“爱冒险的亡命之徒”。

但无论外界怎样评价、怎样挖苦嘲笑，他都不改变或放弃自己的使命，他这样说道：**“你不需要任何权威来评断你的使命，没有任何老板、老师、父母、牧师以及任何权威可以帮你来决定。你需要靠你自己来寻找这个独特的使命。”**

《时代》的封面见证了乔布斯坚持自己使命的历程，也见证了苹果的成长和乔布斯一次次出人意料的翻身。但是，到现在为止，除了不可思议地看着苹果公司在大把大把地赚着钞票外，经济学家、金融专家和投资分析师们还是不愿意承认“乔布斯所做的一切”属于正统。这是为何呢？原来是因为乔布斯丝毫没有遵守“自由和开放才能带来更新更好的东西”的正统逻辑，他的做法与被视为“商业圣经”的《亚当·史密斯理论》中提倡的做法大相径庭。《时代》曾贬评它是“为什么不能在戴尔电脑上运行MAC OS X？好像回到了前苏联时代！”，但结果却像《连线》所说的那样：“苹果成功了，乔布斯成功了。”

乔布斯这些经历启示着在职场中打拼的每一个人：不遵从别人，不遵从权威，未必就是坏事。只要你有摆脱束缚坚持自己信念和做法的勇气，只要你敢于在众多批判的声音中行动，用自己的成功来解释一切，你就是一个内心强大事业成功的强者。

找到你真正所爱的东西

必须找到我们真正所爱的东西，无论是工作、事业或伴侣。只有这样才能在困难和挫折面前坚持下来，谁能放弃自己热爱的东西呢？唯有热爱，才能激发一个人的灵感，使他做出最杰出的成就。

有很多尚在职场拼搏的人这样问乔布斯："我想开一家公司，我该做什么？"而乔布斯却向他们提出几个问题，第一个问题就是："你所热爱的是什么？你开的公司想要做什么？"这些人大都笑道："不知道。"乔布斯给他们的建议是："去找份工作让自己忙碌起来，直到你找到答案为止。你必须对你自己的想法充满热情，强烈感受到心甘情愿为它冒险的心情，如果你只想拥有一家小公司的话，那就算了吧。"

乔布斯何出此言？在斯坦福大学的演讲中，乔布斯这样解释到："我很幸运，在年轻的时候就知道了自己喜爱做什么。在我20岁的时候，就和沃兹涅克在我父母的车库里开创了苹果计算机公司。我们勤奋努力地工作，只用了10年的时间，苹果计算机公司就从车库里的两个小伙子扩展成拥有4000名员工、价值达到20亿美元的企业。而在此前的一年，我们刚刚推出了我们最好的产品Macintosh电脑，当时我刚过而立之年。接着，我就被炒了鱿鱼。

一个人怎么可以被他自己所创立的公司解雇呢？这么说吧，随着苹果计算机公司的成长，我们请了一个原本以为很能干的家伙和我一起管理公司，在头一年左右，他干得还不错。但到了后来，我们对公司未来的前景出现了分歧，于是我们之间出现了矛盾。因为公司的董事会站在了他那一边，所以，在我30岁的时候，就被踢出了局。我一下失去了一直贯穿在我整个成年生活中的重心，打击是毁灭性的。”

“在头几个月，我真的不知道做些什么。我觉得我让企业界的前辈们失望透了，我失去了传到我手上的指挥棒。我遇到了戴维·帕卡德和鲍勃·诺伊斯，我向他们道歉，因为是我把事情搞砸了。我成了人人皆知的失败者，我甚至想到过逃离硅谷。”

“但曙光又渐渐出现了，我发现我还是热爱我做过的事情。在苹果计算机公司发生的一切丝毫没有改变我，一个比特（bit）都没有。虽然我被抛弃了，但我的热爱不改。我决定重新开始。”

“我当时没有看出来，但后来的事实证明，被苹果开掉是我这一生所经历过的最棒的事情。成功的沉重被凤凰涅槃的轻盈所代替，因为每件事情都不再那么确定，我以自由之躯进入了我整个生命当中最具创意的时期。”

“在接下的5年里，我开创了一家叫做NeXT的公司，接着是一家名叫Pixar（皮克斯）的公司，并且结识了一位名叫劳伦斯的曼妙女郎，她后来成为了我的妻子。皮克斯制作了世界上第一部全电脑动画电影《玩具总动员》，如今这家公司是世界上最成功的动画制作公司之一。后来又经历了一系列的事件，苹果公司买下了NeXT，于是我又重新回到了苹果公司，我们在NeXT研发出的技术成为了推动苹果复兴的核心动力。我和劳伦斯也拥有了美满幸福的家庭。”

我非常肯定，如果当年没有被苹果公司炒掉，我身上这一切都不可能发生。对于病人来说，良药总是苦口。生活有时就像一块板砖拍中你的脑袋，但不要丧失信心。

热爱自己所从事的工作，是支持一个人在某一行业不断前进的唯一理由。

我们像乔布斯一样，得找出自己的最爱，对爱人如此，对工作更要如此。工作将占据你生命中相当大的一部分，从事你认为具有非凡意义的工作，才能给你带来真正的满足感。而从事一份伟大工作的唯一方法，就是去热爱这份工作。如果你到现在还没有找到这样一份工作，那就继续寻找。不要安于现状，当万事了然于心之时，你就会知道何时能找到。就像任何伟大的浪漫关系一样，伟大的工作只会在岁月酝酿中越陈越香。因此，在你终有所获之前，不要停下你寻觅的脚步，一定不要停下！”

在现实生活中，许多人对自己所从事的行业缺乏热爱、缺乏激情，只是在盲目跟风，这些人从来没有弄明白自己想要的是什么，想干什么，能干什么，因此输得一塌糊涂。

如果对自己所选择的事业缺乏足够的兴趣和热爱，仅仅是为工作而工作，那么在工作的过程中，他就不会感受到工作的成就感，也就不可能把全部的心思放在工作中，更没有很大的耐心来承受生活的挫折。只有对自己所从事的事业有一种热爱，才会保持长久的工作热情和激情，才会树立起不达目标永不放弃的坚强决心和勇气，这也恰恰是人生与事业成功的先决条件。

想要持久地致力于一项事业，就先找到你所爱的行业吧，只有这样才能激发你自己最大的人生价值，在离去这个世界之际你才会无所遗憾。

敢于行动才能建立伟业

我们纵然有成功的欲望，但不敢去尝试，怎么能够成功？成功者不光有着异于常人的眼光与胆识，并且勇于行动。**只有放手去做的人，才有可能建立伟大的事业**。

央视如火如荼的《赢在中国》，掀起了一股创业浪潮。对于那些通过职场积累和拼杀、取得了一定成就、最终选择创业的人来说，创业不仅仅是为了更好的生存，同时也是实现梦想的过程。这个创业过程不仅是为了财富，更是为了自己的成就感、满足感和幸福感，是为了看到更好的自我。

乔布斯一心想证明自己，特别是当他得知自己是被收养的事实后，他一定要让抛弃他的人知道他有多优秀。同时，随着年龄的增长，乔布斯对佛教的狂热逐渐冷静下来，他变得越来越现实，他迫切希望获得成功，获得成功的机会。

正在乔布斯寻求成功的机会时，世界上第一台个人计算机Altair诞生了。1975年1月，在《大众电子学》杂志封面上刊登了这个影响深远的消息，这标志着人们一直争论的“个人”计算机诞生了。

这个消息立即在热爱电子学的人当中掀起了一股研究热潮，史蒂夫·沃兹涅克当然也在其中。乔布斯也是一个电子迷，且向来不甘人后，便同沃兹涅克一起加入了由电子学发烧友组成的业余计算机用户小组。他们互相交流自己的想法，并向其他成员展示自己的最新研究成果。

不过，乔布斯和沃兹涅克两人都是穷光蛋，根本买不起当时最流行的Intel8080芯片，它是微仪系统（MITS）Altair沃兹涅克00的核心部件，其售价270美元。于是，两人便开着车到处去寻找物美价廉的替代品。

在一次展示会上，细心的乔布斯发现了一款MOSTechnology6502芯片，功能与英特尔公司的8080相差无几，只售20美元，但是不知道这款芯片能否运行。回去后，沃兹涅克编写了一个BASIC编译程序，结果6502芯片运作良好，于是便用MOSTechnology6502芯片代替Intel微处理器工作。接着，沃兹涅克开始基于芯片6502设计计算机。沃兹涅克不愧为电子学方面的天才，他充分发挥自己的想像力，按照自己的想法设计了计算机的雏形。

在输入数据方面，沃兹涅克创造性地采用了键盘输入数据，从而成为此后计算机的通用设计；在数据输出方面，沃兹涅克更是突发奇想，没有将其连接到TeleType打印机或价格昂贵的显示器上，而是将其连接在电视上，以展示它的色彩能力。

人要敢于尝试敢于行动才能验证自己的结果，一个有才华有能力，却不敢相信自己的判断，不敢尝试的人永远不知道他的想象和现实有多大差距。也永远无法开始梦想的第一步。正是由于乔布斯敢于尝试，才有了后来的苹果，才有了后来的成功。天才的意义不仅仅指智商高，而且还含有敢于尝试敢于行动的意思。

1976年3月1日，沃兹涅克设计的计算机基本方案在业余计算机用户小组首次展示后，立刻引起了轰动，大家都希望拥有这样一台“个人”计算机。看着众人艳羡的目光，乔布斯立即敏感地意识到了潜在的商机，他认为沃兹涅克设计的计算机可以卖钱。他在脑海中快速地盘算着，现在这里的小组成员大约有500名，只要其中有五分之一的人，也就是100人愿意掏钱购买，那么，每台卖650美元，100台就是65000美元，每台利润是50到100美元，那么我们最少能赚5000美元！乔布斯当即决定成立一家自己的公司。

当然，成立公司离不开沃兹涅克，于是，乔布斯便极力游说沃兹涅克生产印刷电路板并将电路板作为产品销售。

与乔布斯的雄心勃勃不同，沃兹涅克可没想拿着自己设计的东西去卖钱，他只是出于兴趣和爱好。何况当时沃兹已到惠普工作，年薪有24000美元，生活不再窘迫。沃兹涅克还试图通过惠普公司来将自己的发明发扬光大，但是惠普公司觉得个人计算机前途渺茫，认为个人计算机只对少数计算机发烧友有吸引力，普通大众根本不知道这到底是什么玩意儿，冒然推出个人计算机，太过于冒险了，并且，惠普公司当时只想把自己的主业——打印机和复印机做好，不想为此分散精力，于是拒绝了沃兹涅克的请求。

沃兹涅克回忆说："我努力说服我的上司——计算器实验室的经理，但显然，当时在惠普公司生产微型计算机的时机还不成熟。"尽管他的上司认为沃兹涅克的计算机不适合他的部门生产，不过却好心地通知惠普公司的律师召集每个部门的负责人并询问他们："你们是否对这样的机器感兴趣：能运行BASIC并连接到电视上，价值800美元？"结果所有的人都说不感兴趣，并说"惠普公司不想进入这样的市场"。

被沃兹涅克的雇主拒绝后，他们找到乔布斯工作的阿塔里公司。"在造好以该电路板为基础的Apple I后，我们向阿塔里公司的阿·艾尔康展示了这个产品。”沃兹涅克回忆说，“可就在这个时候，阿塔里公司推出了首款Home Pong游戏，这是一个非常大型的游戏，以至于他们都忙不过来。虽然他们认为Apple I是好东西，但是他们自己还有大量的事情要做。”与之前的惠普公司一样，阿塔里公司也婉言拒绝了乔布斯和沃兹涅克的提议。

另外，沃兹涅克觉得他们经验不足，要知道，乔布斯当时才21岁，毛头小伙子一个，根本没有任何资历可言。而他自己，也不过才26岁，参加工作也没几年，也没有什么有关公司动作及管理的经验。所以，他对公司的将来不看好。

乔布斯是个敢于行动、个性坚定、不达目的誓不罢休的人，他用他那出众的口才最终说服了沃兹涅克和他一起成立公司，同时，他还说服了自己的同事、阿塔里公司的首席游戏设计师、41岁的罗纳德·杰拉尔德·韦恩也加入进来。

尽管乔布斯与韦恩在年龄上相差20岁，但是他们还是成了工作上的好朋友，他们经常深入探讨赚钱的道德问题。乔布斯通过给韦恩10%的公司股份，诱使他成为苹果公司的合伙人，剩下的股份由乔布斯和沃兹涅克平分。

接下来要做的就是为公司起个名字，乔布斯为此绞尽脑汁，无论吃饭、走路还是开车的时候，他都想着这件事情。有一天，在他和沃兹涅克开车从自己的农场返回家的途中，忽然灵光一现，乔布斯兴奋地喊道：“就叫苹果计算机公司吧！”虽然此后，他们又想出了几个名字，但始终还是觉得“苹果”最好。

1976年愚人节那天，乔布斯和沃兹涅克及韦恩做了一件影响深远的事情：在乔布斯养父母的车库里，他们三人签署了一份长达10页的合作协议，宣布公司正式成立。

一场伟大的、影响历史的历程就此开始了。

大多数人都有过创业的念头，不甘心永远屈居人下，但是如果真把辞职信和创业的战袍捧到我们面前，我们恐怕又要退缩了，我们会想着这样做要承担的风险，会想着失败的痛苦，于是永远不敢迈出第一步，而创业的良机也就这样从我们手上溜掉了。

如果谁有一份成功的梦想，那就不能随波逐流，要向乔布斯学习，不等不靠，细心发现机遇，看准了就要勇敢行动，大胆成立公司去实现自己的梦想，否则机会错过，可能就永不再来。

先做正确的事，再正确地做事

有时，当我们遭遇失败时，常关注于细节的好坏，却忘记了起始的方向是否正确。也或许，是因为没有勇气返回起点去审视自己初始的选择是否正确。要知道只有先做正确的事，然后才存在正确地做事。

1999年，有部电影《硅谷海盗》十分火热，讲的是比尔·盖茨与微软、史蒂夫·乔布斯与苹果电脑的故事。其中有这么一句台词："我们必须做正确的事"（Do the right thing）。

所谓的"正确"分两步走。第一步是"做正确的事"，强调的是在做事之前要先做出选择，也就是说，先要有一个正确可行的目标或方向，它确保我们的工作是在坚实地朝着自己的目标迈进。而一旦对自己的目标、方向清晰起来，必须进入"第二步"："正确地做事"（Do the thing right）。

1998年，乔布斯推出iMac的时候，机器没有安装当时被视为标配的内置软驱，而只装了一个CD存储驱动器，乔布斯认为软驱已经过时，互联网时代会让人们有更好的存储和传送数据的方式。如今我们的电脑基本上都没有软驱，有了软驱反而显得多余。但是，在当时，不配备软驱可是一个胆大妄为的行为，媒体和顾客对苹果纷纷强烈抗议，一些所谓权威人士也分析说，缺少软驱是苹果一个致命的错误，并且这一错误注定iMac会失败。

乔布斯对此也很恼火，他发表了一个言辞激烈的批驳："走着瞧吧！你应该做正确的事。就拿软驱来说，人们就是脑袋不清楚。谁会把4GB的硬盘资料备份到1MB的磁盘上？"无论外界怎样大惊小怪，乔布斯毫不动摇，他坚信，软驱将逐渐被淘汰。

"走着瞧吧！"乔布斯正是因为看到了未来电脑的方向，于是果断地抛弃了软驱，并使用USB接口，为iMac注入了超前一步的亮点。

实际上，做正确的事并非轻而易举，事实上有时的确很艰难。但要记住，**做正确的事始终都是正确的。**

简单说来，第一步做正确的事，谈的是价值观，是说要具有开创的精神和革命的决心。而第二步事关方法论，就是具体怎么做的事了。只有价值观而没有方法，意味着会半途而废；如果只有方法而没有价值观，则可能会误入歧途，只有两者相得益彰，才有通向伟大的可能性。

乔布斯的梦想很清晰，那就是推出一款具有革命性意义的先进计算机，他收购皮克斯就是基于这个梦想。

收购皮克斯之后的10多年，因为与皮克斯两位负责人在战略发展上的分歧，皮克斯基本上都处于亏损状态。再后来的事情，大家都知道了，皮克斯引发了动画电影的革命，具有划时代的意义。虽然历尽波折，乔布斯还是成功了，而且辉煌。

现在分析来看，乔布斯收购皮克斯，是"做正确的事"，他的第一步是成功的；但接下来，乔布斯走了弯路，他没有"正确地做事"，所以一直赔钱。后来乔布斯修正了自己的错误，事情立刻发生了革命性的变化，一件伟大的事情发生了。

可以说，“正确地做事”是以“做正确的事”为前提的，如果没有这样的前提，“正确地做事”将变得毫无意义；先要做正确的事，然后才存在正确地做事。

一个老掉牙的俗语：“磨刀不误砍柴工”，意思是说做事情之前，先做好准备，最终肯定会事半功倍。磨刀就是“做正确的事”，而用一把锋利的刀来砍柴，则是“正确地做事”了。试想，用一把钝刀去砍柴，只怕人要活活累死了。

身在职场的我们要懂得判断，确信自己做的事情是正确的，此外针对自己所做的事情，要不断思考，及时作出方法上的调整，只有先“做正确的事”，“正确地做事”才有真正的意义，而只有做好了“正确地做事”，才能保证“做正确的事”的贯彻实施。

敢想敢做，就没什么不可能

很多人觉得自己的先天条件优势不够，但这并不意味着我们的命运就此定型，我们要勇于挑战、充实自我，不要划地自限，只要突破自我，我们的发展一定会比想像中的好。

每个人自身条件都略有不同，但这并不是成功的决定因素。因为有很多看似命运欠佳的人也都获得了成功，而一些看似条件非常好的人也是失败多多。所以，尽管我们的先天条件缺乏优势，但这并不意味着我们的命运就此被决定。

苹果的核心人物——乔布斯，被奉为创新之神，就连竞争对手比尔·盖茨也说他是一个“IT狂人”、“设计天才”。仅在中国，乔布斯就拥有191件外观设计专利，远远多于比尔·盖茨。尽管历经波折，但乔布斯的创新步伐却从未停下。

他既是一位敢于打破规矩的天才，同时也是一位对世道有独特见解的思想者。有人说他是用右脑颠覆左脑的第一人，有着超乎常人的非同凡响的理念。对于乔布斯来说，只要敢想，就敢做，没什么不可能。

12岁时乔布斯就曾有过惊人之举。在他家搬到洛斯阿尔托斯后，还是小电子发烧友的乔布斯开始了设计频率计数器的工作。有一次，制作东西时缺少零件，他便翻开电话簿，找到惠普的创办人及总裁休利特的电话号码就打了过去。“我是史蒂夫·乔布斯，”他说，“我正在制作一台频率记录仪，不知您能否为我提供点零件。”休利特接到这个电话非常吃惊，但是他还是耐心地对乔布斯作了技术指导，提供了零件，还邀请乔布斯暑期到惠普工作，这个大胆的男孩给他留下了深刻印象。

在乔布斯的头脑里，就没有什么不可能的。他认为，只要头脑里有个好主意，就放手去做，自己肯定能行。

乔布斯自小被亲生父母遗弃，童年生活也过得很艰辛，而且他性格孤僻爱哭，但在他的心里，没有什么可以阻挡他，只要他想到了，他就会去做，不会因为条件限制就止步不前，他坚信自己能改变世界，没有什么可扼杀他的梦想。

看这个“囚”字，一个人一旦被关进牢笼就会失去人身自由。思想同样如此，人们一旦将思维局限在一个框框里，就会失去生活的激情和成功的动力。**无论我们处在怎样一个不利、艰难的环境中，都不能自我设限，只有勇于突破才能实现自己的梦想。**

保持初学者的心态

初学者的心态相当重要，它是人求知的动力，也是突破自我、打破常规的重要方法。拥有初学者心态的人常能创造出惊人的奇迹，甚至改变人们的生活，因为初学者的世界无所不能。无论我们入职多少年，只要我们还在追寻和探索，只要我们还有一颗积极进取的心我们就要保持初学者的心态。

日本禅宗大师Shunryo Suzuki曾说："初学者看待问题的角度多种多样，但专家看待问题的角度少之又少。" 俗话说得好，专家的世界是有限可能的，但初学者的世界无所不能。

初学者的心态说的是一种心思状态。对我们大多数人来说，思维会经常在无意中被秩序制约了，过去的思考模式，或是过去的经验，会让我们的思考能力僵化，我们对待问题、事物的角度未免单一，或者说，我们不再热衷于问为什么。初学者的心态，就在于使自己拥有不断提问的精神，而不是只为得到一些答案。

拥有初学者的心态，我们就要像设计师一样思考。因为作为一名设计师，初学者心态相当重要。商界奇才乔布斯就是一个典型的例子。

乔布斯是一个卓越的设计师，每个苹果产品都是那样具有革命性，影响甚至改变了人们的生活。从AppleII、Macintosh、iPod、ApplePowerMacG5、MacBookAir笔记本电脑到今天的iPodshuffle5代、iPodTouch4代、iPodNano6代，每一个产品的诞生，都是电子产品和电子商业圈内的一个奇迹。

为什么乔布斯能做到这些？因为，作为一名设计师，他懂得冒险的必要性，尤其是在探索问题的初期，他们不怕或者根本就是希望打破常规，新发现就是这样形成的。一个好设计师不排斥并且擅于对待事物初期的模糊状态，这更能让他们有发挥的空间。

以iPhone为例，当乔布斯宣布要生产手机的时候，所有人都认为他疯了，因为手机市场实在太难进了，早已经有如诺基亚、摩托罗拉、三星等巨头霸占了，苹果要进入手机市场谈何容易。

然而，乔布斯坚持自己的想法。他认为，手机是必需品，但有时候人们并没有时间去了解和调查。“人们没有时间去了解这些东西，而且这些也变得越来越复杂。”乔布斯这样说道。在人们对手机已形成固定思维时，乔布斯却看出了不同，他要改变。

于是，他推出一代iPhone，将一切简化，移动手机的前景从此改变。短短几年时间，全世界就流行起了一股iPhone热，iPhone 4更是火热得需要提前预订。比较之下，曾经的手机3大巨头——诺基亚、摩托罗拉、三星，黯然失色，并且黯然神伤。

为何乔布斯能在常规中脱颖而出呢？这可能要得益于乔布斯对佛教的痴迷了。乔布斯自称为佛祖在人间的选民，对佛经也有很深入的钻研，佛经里的哲理对他深有启发。在一次演讲中，乔布斯把自己的心得拿出来与大家分享，其中他表述的一句话为：“佛教中有一句话：拥有初学者的心态是件了不起的事情。”

其实，从AppleⅡ开始，乔布斯那种初学者的心态就明显地表现出来了。当时，为了能赶上美国西海岸首届计算机交易会，沃兹涅克加班加点赶制AppleⅡ。乔布斯也想为这台梦想中的计算机贡献自己的力量，不过在外人看来他没有沃兹涅克的技术天分，只不过是想在AppleⅡ上留下一点乔布斯的印记罢了。

乔布斯整日嚷嚷着要改变AppleⅡ的外壳。因为当时所有计算机的外壳是金属制的，显得非常粗陋笨重，“难道计算机的外壳必须得是这个样子吗？它就不能是塑料的吗？”其他人觉得乔布斯这个想法非常好笑，给他解释说，所有的计算机都是这样子的，怎么会有塑料外壳的计算机呢？何况这样还会增加计算机的成本。但他们这个理由没能说服乔布斯，乔布斯坚持AppleⅡ外壳必须是塑料的，而且整个机箱的设计要线条流畅、美观大方，每个接口也都必须达到这个要求。

此外，乔布斯又提出了一个大胆设想；“为什么计算机上必须装有风扇呢？AppleⅡ上不能装这个东西。”因为风扇噪音比较大，去掉风扇可以让使用者更心神愉快地操作。但研发人员觉得乔布斯这个想法实在是荒唐透顶，“计算机怎么可能不装风扇？没有风扇散热，机器非得冒烟不可。”但没人能改变乔布斯的想法，他整日和工程师泡在一起，研究如何用另一种方法替代风扇散热。结果最后还真让他们研制成功了。

AppleⅡ是真正意义上的计算机，它创造了计算机历史上的多项第一：第一次将Basic固化在ROM；第一次有塑料外壳；第一次实现CPU和主板共享RAM；第一次自带电源装置而无须风扇；第一次装有英特尔动态RAM；第一次可玩彩色游戏；第一次有内置扬声器接口；第一次装上游戏控制键；第一次在主板上带有48K容量；第一次具有高分辨率彩色图形界面。

AppleⅡ在交易会上一鸣惊人，几千名用户拥向展台，观看、试用，订单纷纷而来。数月之内，他们接到300份苹果Ⅱ定单。到1979年，苹果Ⅱ已成为商圈必备的计算机设备。到1980年，AppleⅡ及其各种改进机型的销售量达到了数十万台，成为了真正的大众计算机。

AppleⅡ的成功乔布斯功不可没，如果不是他提出几个“幼稚的”的问题，不盲从市场上已流行的计算机造型，AppleⅡ绝不会如些“惊艳”。

这就是一种初学者的心态，不被过去的、约定俗成的想法或所谓的常识所左右，**以一种开放的心态去接受新的事物，而不抱任何事先猜测的、过去的想法**。我们所知道的一切皆属于过去，而现在的每一刻都是新的，如果抱着过去的经验、或常规的知识不放，就难以有所突破。即便你是一个“专家”，如果你用一个开放的心态去倾听他人所说的话，你有可能发觉一个初学者也会教给你一些东西。

没有无缘无故的成功，只有更多的奋斗

每一个在职场打拼的人都期盼着成功的道路，但成功绝不是一件偶然事件。所谓成功的人，绝大部分绝不是幸运的结果，他们一定是比别人更努力，比别人付出的更多，经历了更多的磨难，是踩着无数的失败和痛苦走过来的。

人的一生，成功或失败，富贵或贫贱，绝非偶然，“看一个人现在有什么样的结果，你就可以知道他过去曾经种下了什么种子。凡事都先有了引发事件的原因，才会产生事件本身的结果”（《王阳感悟》）。

前几年风靡一时的韩剧《大长今》，成为很多人的励志必看剧。看过此剧的人都知道，历经坎坷的长今通过不断努力，最终走向了成功。那么，她成功的原因究竟在哪里？为什么很多比她条件还好的人却没有达到目标？

“长今遇到困难时从不抱怨和逃避，她会马上去寻找可突破、化解的机会。每次遇到困难，她都会用一句话进行自我激励：我决不放弃！我一定要找到解决问题的办法！”

《大长今》从虚构的情节中，道出了一个其实早已熟知的道理：“一

个人之所以会有今天的结果，一定是因为有了过去曾经说过或者做过的事情，这就是为什么有些人会失败，有些人会成功的原因。”

在日常生活中，只要我们细心观察，随处皆能领会这个道理。以个体来说，如果一个人待人诚恳、亲切，那他的人际关系就好；相反，如果一个人冷漠、自私自利，别人也会对他敬而远之。积极进取、工作认真的人，就能学到更多的知识、累积更丰富的经验，自然能得到肯定和提升，实现自我价值和社会价值；而偷懒、好逸恶劳或不务正业的人，则会懈怠堕落，终究一事无成。

很多人只看到了别人成功的风光，却看不到他们背后的付出。在苹果的再次成功中，很多人对乔布斯所起到的作用持怀疑态度，认为乔布斯只不过是运气好，他正好在一个恰当的时机，接收了注定会成功的iMac、iPod产品，没有他，苹果也照样能够成功。

相信这样的观点连比尔·盖茨都不会认同。比尔·盖茨具有非凡的商业眼光，他总是能够在别人之前提出新的概念。比如平板的概念就是比尔·盖茨提出的，但是，微软并没有因此领先或占领市场。真正将其发扬光大的是乔布斯，他总是能够在合适的时候推出合适的产品，连比尔·盖茨也不得不服。有人说乔布斯太固执、独裁，正因为如此，他才能够完全主导产品的发展方向，能够固执地让产品按照他的要求开发下去。在他挑剔的眼光下，苹果推出的产品想不优秀都不可能。

奇虎360董事长周鸿祎对乔布斯也很有研究，在一次研究中，他说：“我一直在想，究竟乔布斯为什么能想到iPhone这么一款产品？首先我觉得这肯定不是一个造化于密室，然后用几年时间去实现的灵感。我甚至可以说乔布斯一开始是没有战略的。为什么呢？因为其实战略就是四句话：我是谁？我在哪儿？我做什么？我不做什么？像麦肯锡帮一些公司做的战略规划，往往是在成熟的行业去做同行分析，比如微软也会请专家说你看Google是怎么做的，但这种战略总是对一个已有的成熟套路的总结和改良。苹果这种创新是一种颠覆，是在走向一个未知领域。

你对什么都是未知的，刚开始一定是摸着石头过河，但乔布斯不断把握好每一个环节，再加上他很多年的各种积累——这些积累我相信一开始就存在你于脑海里某一个地方，并不起作用，但是你走到这一步的时候它就开始发挥作用了——最后才有一个从自发到自觉的过程。

你回想一下当初的苹果，它也是没办法，它做电脑实在是卖不过戴尔，做操作系统也打不过Windows，就先做了一个外形很时尚的音乐播放器。

我想第一版iPod出来时比尔·盖茨肯定在偷笑，说这兄弟肯定昏了头了，做了一个在中国珠海已经满大街都是，随便几十块钱可以买一个的MP3播放器。

但其实乔布斯非常尊重用户的需求。我相信他当时也受到了外界的启发，比如当时已经有了Napster这样的产品，证明年轻人非常欢迎这种东西——其实我们都知道音乐对青少年的重要性，当年我们上大学时谁没一个随身听？说是学英文，主要还是听歌，这是最本质的需求。可如果你不是非常重视用户的需求，你就会忽略它。

大公司忽视这个需求，那些做MP3播放器的小公司知道这个需求又没有能力把事情做好。正是这样一个中间地带给了乔布斯一个机会：他能做操作系统，能做硬件，应用软件也能做。这些事儿都能自己干，做个MP3播放器，就像‘杀鸡用牛刀’。

我猜做iPod的时候也没想到日后的iPhone和iPad，只是它基于iPod做了很多探索。你看，他先把iPod从黑白屏幕变成一个很小的彩色屏幕，一开始只能看照片，然后这个屏幕再扩大，能看视频。这个时候你再加一个通话模块是不难想到的。等有了iPhone，你再想到把屏幕再放大变成iPad，也是顺理成章的——乔布斯的战略都不是大跨步的战略，而是一步一步的，他每一步都是在不断地捕捉当前的用户需求和市场状况，然后再往前走一步。

iPod卖了一亿部之后再做iPhone，你不感觉水到渠成吗？可如果没有这每一步的积累，没有用户的基础，如果第一步出来就是iPad，会怎么样？

其实盖茨很早就有了平板电脑的想法，也早就做了智能手机。但盖茨犯了一个什么错误呢？就是盖茨手里有一个榔头，他把所有东西都当钉子。盖茨有Windows，而桌面上的Windows是针对鼠标和键盘的，它做手机操作系统时也是这么搞。其实平板电脑明明是用手触控的，你非要像用鼠标一样使用'开始'按钮去点开里面的程序，这不是很傻吗？这就是不考虑用户。

但乔布斯非常关注细节。你看乔布斯会趴在电脑上一个像素一个像素地看那些按钮的设计，他曾经跟他的员工说，你要把图标做到让我想用舌头去舔一下。只有像乔布斯这么关注细节的CEO，才能真正去了解用户的需求。所以我不认为他做的所有事情都是一开始就从大方向上想好。相反你看英特尔、诺基亚这些公司做的战略，你会觉得所有的东西都很好，但就是离消费者太远，所以结果要么就是发现不了真实需求，要么就是已经在市场上被证明了的马后炮的需求。"

没有无缘无故的成功，乔布斯今天光辉的成就，与他前期的付出是分不开的。他的固执、苛求、勤奋、努力、坚持，都为他后来的成功作了铺垫。正如乔布斯自己所说："世间所有的事都有千丝万缕的关系"。有努力才会有回报，成功绝不是一件偶然事件。

世间所有的事都有千丝万缕的关系。**所谓成功的人，绝大部分绝不是幸运的结果，他们一定比别人更努力，比别人付出的更多，经历了更多的磨难，是踩着无数的失败和痛苦走过来的。**别人看到的只是他今天的光辉和荣耀，却不知道在通往成功的路上，他们有着怎样的艰难与辛酸……

不要迷惑于表象，洞察事物的本质

一个人想要拼出职场，在经验成熟之后独当一面，就必须有敏锐的洞察力。在这个纷繁的社会里，真正的陷阱会伪装成机会，而真正的机会有时也会伪装成陷阱。因此，不要盲目相信一些表面的现象，要从现象中挖掘本质，要有自己的判断。

"人不易知，知人不易"，在复杂多变的现实生活中，人们往往被表象所迷惑，被耀眼的光环蒙蔽双眼，无法正确地认知世界，无法穿越纷繁之表象直达事物之本质。

每个事物都有表象，在表象之下才是本质，有时它们是相符的，不过，大多数时候，它们是不一致的。每个人都有成功的特质，只不过那些不成功的人是因为被表象所迷惑，不能洞察事物的本质，所以才无所建树。

苹果的产品都是以革命性、以改变世界为目标的，其实很多人、很多公司也有这样的目标，也想达到这样的目标，却都没有做到，为什么？因为他们没有洞察事物的本质。

苹果产品的设计一向为人称道，令人爱不释手，那么苹果公司是因为设计上的成就才成功的吗？市场上也有很多设计杰出的作品，为何得不到人们的认同呢？其实，在乔布斯的哲学里，设计很重要，但设计只是手段，不是本质。

试想，如果设计是乔布斯制胜的关键法则，那么如何解释NeXT电脑的失败？当时的NeXT电脑可谓“酷”的一塌糊涂。同样，丽莎也是苹果公司呕心沥血的产品，也遭遇了败绩。

先看看最近的热点，苹果公司的市值超过微软1000多亿美元，相当于超越了一个惠普，“难以置信”，这是很多媒体的评论，数年前，比尔·盖茨也不相信会有这样的一天。在过去的几十年里，微软算是乔布斯的第一个大敌，他痛骂微软和盖茨只会生产“三流产品”，还说如果让微软控制市场，将是巨大的灾难，因为微软不创新。而惠普则一度是乔布斯特别想超越的公司，事实上，乔布斯的硅谷之梦就起源于惠普。

苹果公司的超越，有着革命性的意义，这不仅是一个公司的胜利，同时也是一种路径的胜利。相对于微软、惠普这种以技术取胜的公司，苹果公司市值的狂飙，托身移动互联网，依靠iPod、iTunes、iPad、iPhone等终端，在乔布斯的引领下，苹果公司已经建立了一个庞大的移动帝国。

值得研究的是，近10年来，PC业发生了天翻地覆的变化，跌宕起伏，前仆后继，然而并不是技术派先驱的苹果公司基本上都踩对了点，从PC到电子消费品，再到互联网，再到移动互联网。为何苹果公司能够取得如此成就？

乔布斯靠的不是一种技术导向，说要称霸移动互联网什么的，而是基于深度理解“人性”后的殊途同归，是一种基于“人”的竞争力。也就是说，乔布斯抓住了本质。洞察人性，洞察消费者的心理需求，从而造出了受消费者喜爱的产品。

不要迷惑于表象，要洞察事物的本质，但这不容易，要锻炼很长时间才能有此本领。而且，现实生活中，总会有很多表象真假难辩，甚至有些时候极其危险，如果不提高觉悟，很多时候难免会落入陷阱。

其实，洞察事物的本质也是我们解决问题的关键所在。因为每个问题的产生，都有其内在原因，只要抓住了这个内在原因，就能将问题一举解决。

起初，乔布斯预计AppleⅡ的销售规模应该与AppleⅠ差不多，因此，在决定AppleⅡ的机箱生产规模时，他大胆决定按照AppleⅠ的机箱生产规模来确定AppleⅡ的机箱生产量，这样一来可以节省不少资金。但是，乔布斯没想到AppleⅡ的销售规模会超出AppleⅠ许多，这就引发了一个严重问题：AppleⅡ的机箱生产线严重不足，而AppleⅡ的购货商和用户在不停地催货，机箱供应商也在索要货款，否则停止供货，苹果计算机公司的资金快无法周转了。

时任CEO的斯科特想尽办法解决这个问题，他采用赊账的办法来购买机箱，要求机箱供货商给苹果计算机公司45天或60天的赊欠期，希望这样可以延缓一下资金的流出速度；同时，将发货时间延后30天，争取机箱的生产时间。但这解决不了根本问题，机箱供货商和订购用户都非常不满，机箱的生产量还是跟不上来。

这时，乔布斯提出了一个解决方案：提供给机箱供货商一定的经济奖励。详细地说，就是如果机箱供货商提前交货，那么每提前一个星期，苹果计算机公司将给予1000美元的奖励。

这一招非常奏效。新的机箱生产线很快建成了，机箱被源源不断地供应上来，苹果计算机公司又可以正常供货了，资金问题因而也得以圆满解决。要不是乔布斯这一策略，苹果计算机公司可能真的就撑不下去了。

与斯科特的办法相比，乔布斯的解决方案显然更能触动人心，用句俗话说就是“无利不起早”，有“利”才能调动人的积极性，这也正符合马克思所说的，商业的本质是利益。这恰恰说明只有看透了事物的本质才能有针对性的给出解决方案。

其实，这样的道理在我们工作生活中也适用，比如销售谈判、理赔沟通等等。这样的事情迷惑性很大，因为对手总会千方百计地争取自己的利益或逃脱责任，因此一定不要被表象所迷惑。当然，商业往来中，诚信是非常重要的，但理性地判断身边的事物，洞察事物的本质，是非常有必要的。

天才也得经过勤学苦练

所有作出重大成就的人都是非常努力的人，他们不断地学习、勤奋努力，不断拼搏，才最终获得了世人称道的成绩。**纵然是天才型的人物，也得经过勤学苦练才能取得一些成绩。**

人生中任何一次成功的获取，都是勤学苦练的结果。努力工作、用心工作、勤奋工作，是成功的根本。不努力工作，就无法享受到成功之果的芬芳和甜蜜。从来都没有什么成功是唾手可得的。

纵观古今中外，所有作出重大成就的人都是非常努力的人，他们不断地学习、勤奋努力，不断拼搏，才最终获得了世人称道的成绩。纵然是天才型的人物，也得经过勤学苦练才能取得一些成绩。

如今人们一贯以商业奇才来称赞乔布斯，但用他自己的话说：活着就是改变世界。我们的世界确实因为他而有所改变。而且我们也知道，乔布斯能改变世界，是他勤学苦练的结果。纵然他取得成功后，依然勤奋有加，甚至在他患病期间也没有停止过工作，经常在凌晨回复很多用户的邮件。

乔布斯在为别人签名的时候，常常会多写一句话：再多做一件事(one more thing)；以未鼓励，这同时也反映出乔布斯做事的态度。

乔布斯在每年的Macworld大会上都要作一次主题演讲，他的演讲是如此充满魔力煽动人心，让台下的苹果迷们为之疯狂尖叫。因此，人们也称他的演讲为“魔力演讲”。乔布斯的确口才出众，教过他的老师可以作证，但是你可不要以为他精彩绝伦的演讲是即兴发挥，他也是经过后天日积月累的勤学苦练才取得今天的成就的。

不可否认，乔布斯天生很有戏剧天赋，极具有舞台表现力，但是这些年来，他一直在追求自身演讲风格的转变和改进，加上他完美主义者的性格，他不屈不挠地致力于完善演讲技艺，精益求精，甚至近乎苛刻地修改每一张幻灯片、每一张演示页，可以说演讲中的每一处细节他都不会放过。

乔布斯的每一场演讲都讲述着一个故事，每一张幻灯片都是一幕展示给观众的场景。所有观众都可以从乔布斯演讲的每一个细节中，看到他的认真与努力。的确，乔布斯很残酷，但他又很勤奋，残酷地勤奋。这种勤奋努力的结果，化作在演讲台上的完美展现，当你看到那种激动人心的演讲场面时，你会毫不奇怪世界是怎样被乔布斯改变的。

当然，乔布斯不止在演讲上下功夫，在其他方面他同样也勤学苦练。他经常与撰稿人，工业设计师和音乐家们待在一起，或许他不太在乎用户需求，但他会非常勤奋地工作，生产出客户心甘情愿购买的“革命性”产品。

不止是乔布斯，所有成功的人都是极其勤奋的。

日本“推销之神”原一平在他69岁时的一次演讲会上，有人问及他推销的秘诀，他便当场脱掉鞋袜，将提问者请上讲台，说：“请你摸摸我的脚底板。”

提问者摸了摸，十分惊讶地说：“您脚底的老茧好厚啊！”

原一平说：“因为我走的路比别人多，跑得比别人勤。”

俗话说：“世上无难事，只怕有心人。”在这里我们所说的“有心人”其实就是指做事情尽自己最大努力，勤学苦练，发挥自己的全部潜力把事情做成、做好的人。梅花香自苦寒来，每一个想在职场中闯出一条属于自己的路的人，每一个想要取得非凡成就的人都应该明白，只有付出努力，才能取得骄人的成绩。只有做到令自己感动的勤奋和付出，才有成功的可能。

对1000件事情说不

马云有句名言："看见10只兔子，你到底抓哪一只？有些人一会儿抓这只兔子，一会儿抓那只兔子，最后可能一只也抓不住。CEO的主要任务不是寻找机会而是对机会说'NO'。机会太多，只能抓一个，抓多了，什么都会丢掉。"

越是成功的人越知道拒绝机会的重要性，因为机会越多，就意味着诱惑越多，陷阱也越多，失败的可能性也越大。

苹果公司已经超越了Google成为世界上最有价值的品牌了，但是它旗下的产品却只用一张小桌子就可以摆下，为什么会这样？也许我们从一个有关乔布斯的小故事中就能找到答案。

Mark Parker在成为耐克CEO后不久，便给乔布斯打了一个电话，他说："你能给我什么好的建议吗？"乔布斯立刻回答："好吧，就一个，耐克生产世界上最好的鞋子，但也生产很多垃圾（鞋子），我的建议是处理掉那些"垃圾"，专注你们最好的。"说完后，电话里突然安静了下来，Parker很快噗地一笑，但乔布斯却没有笑，他是认真的。事后，Parker说："他说得完全正确，我们需要重新编辑。"

事实上，Parker所谓的"编辑"不是指的设计，而是指做商业决策。

乔布斯曾说过这样的话：**“人们通常认为专注就是对你必须专注的事情说是，但实际情况却并非如此，事实上它更意味着要对你所拥有的其他几百个好点子说‘NO’，只能仔细地选出那么一两个最好的出来。**事实上，和我做过的事情相比，我为我没有做过的事情同样感到自豪。创新就是对其他1000件事说‘NO’。”

其实，从本质上，在产品设计、商业决策、交流演示等方面，少即是多，最简单的事往往最复杂。2008年10月份的时候，苹果公司推出了下一代MacBook笔记本。其首席设计师乔纳森·艾维（Jonathan Ive）就告诉观众全新的“铝合金一体外壳”使得苹果公司去掉了60%的电脑主要零部件。零部件的减少当然意味着电脑更轻更薄。但是，与你想象的相反，它还能使电脑更加坚固耐用。

苹果受追捧后，很多人都想知道“还有其他的公司也能像苹果这样创新吗？”其实，这个问题并不难了解：很多公司都明白驱动苹果创新的动力，但是，很少公司会有敢于像苹果公司这样去实践的。因为你必须得具有莫大的勇气才能像苹果公司这样在1998年将公司旗下的350款产品压缩到10款；敢于给智能手机拿下键盘面具换上触摸面板；敢于给Snow Leopard系统砍掉部分代码，而只为了保证其更加稳定可靠；敢于在重大新产品发布时，让整个网站的主页都只呈现那一款产品；敢于设计像iPad这样一款简单得连小孩都知道如何去用的产品；像乔布斯在发布会上那样，在展示产品的幻灯片上连一个字都没有……这一切的实践，都需要莫大的勇气。

其实，这就是苹果公司的哲学，一种说不的哲学。飞行员Antoine de Saint-Exupéry（《小王子》的作者）曾说过这样一句话，非常精辟地概括了苹果公司的哲学，他说：“一位设计师审查自己的设计是否已臻完美的方法，不应当是去考虑还有没有可以再添加的元素，而是应当思考还有没有可以拿掉的东西。”

追求简约容易，但要达到简约，你就得必须拿掉一切影响用户体验的东西，不管是产品设计、网站导航、营销广告或幻灯片演示等。秘诀在于多说“不”，少说“是”，赶紧处理掉那些阻挡你前进的“垃圾”吧!

而长期以来，人们通常认为产品种类是多多益善，企业能为客户提供愈多产品选择愈好。比如P&G，靠多产品战略取得了成功；索尼、三星等同样也以多产品线为傲，索尼仅随身听一个产品名下就有600多种规格。然而，自从看到苹果公司的成功后，索尼总裁霍华德·史汀格哀叹，真希望索尼像苹果公司一样只专注两、三项产品。

专注让乔布斯取得了非凡的成就。从1990年代末期到2000年初，乔布斯只专注自己擅长的领域，在乔布斯大刀阔斧的改革下，苹果电脑最多时也只有6条产品线，即便发展到今天，也不过增加了iPhone、Apple TV和一些iPod配件商品。

机会多不见得就是好事，对1000件事情说“不”，才能确保不会误入歧途。不要一下子渴求太多，人生总是有所缺撼，往往得到此，也就失去了彼，人生重要的是应该知道自己到底需要什么。想抓住所有的机会，其结果往往一无所获!

对工作充满热忱和期待

如果心中有梦想，想要取得卓越的成就，那我们应该以怎样的心态面对每一个工作日呢？要积极主动还是消极懈怠，对待工作，对待未来你属于哪一种人？相信你的心中已经有了明确的答案，你的选择决定了你工作的成绩。

日本经营之神松下幸之助曾说："我从不爱用那些总是抱怨自己的职务、待遇与自己才能不相称、认为怀才不遇的员工。我所喜欢的员工都是对工作充满了热忱和期待，充满了责任心的员工，他们即使本身能力并不是很出色，但是他们在工作中踏实肯干，对自己的工作不挑剔，能真正在工作上花力气，遇到困难和麻烦不会退缩。"

当你抱怨自己的工作时，你是否反省过自己：你是否因为每天的工作而充满激情和动力，是否每天对工作日充满期待？

乔布斯对工作一向充满期待和热忱，而且他也把这种期待和热忱尽量传递给身边的每个员工。在接受《新闻周刊》的采访时，当被问及"如何培养苹果公司员工的工作动力"时，乔布斯是这样回答的："我们做的事情都是最疯狂、最伟大的事情。我们选择用我们的一生去做这件事。我们要改变世界，我们的工作就是让世界变得更美好。"

乔布斯就是用这种“改变世界”的哲学为员工不断补充动力，激起员工对工作的热忱和期待。乔布斯对工作有着强烈的信念，就像列昂诺夫的一句话里说的：“生活里没有做不到的事情，但需要有强烈的愿望，必要时应该不惜生命。”

这种强烈的愿望，只要是为乔布斯工作过的人，都能强烈地感受到。曾任苹果公司产品营销主管的伊万吉里斯特这样描述乔布斯：“他有着无可挑剔的品味和卓越的设计感，这几乎影响着他做的每一件事。如果你恰好用过iDVD，你就体验了一个完美的设计——菜单主题。这些模版看似简单，其实是从世界一流的菜单设计公司精心设计的几百个作品中经过严格的挑选、比较，最后才产生出来的。这是一种痛苦，乔布斯每周都要带来一大堆被提议的方案，你必须仔细地看，最后驳回所有的，除了那一个或者两个。”

“在路上”的感觉很多人都感受过，那是一种充满热忱和期待的感觉，让人充满了动力。对于乔布斯来说，身上就总有一种“在路上”的感觉，他不会因为一件产品已经完工而暂时停止工作，去给自己放一个大假，他总是马不停蹄地、满怀期待地投入到下一个工作项目中去。对他来说，每一个工作日都是最宝贵的时间。

乔布斯疯狂式的激情，曾一度授人权柄，认为这不可能成功，因为对工作如此富有激情的乔布斯，有时会把这些动力变成对员工的压力，在乔布斯面前，很多员工都是战战兢兢，心理要承受极大压力，甚至员工都不敢和他一块乘电梯。苹果公司的首席运营官库克曾经这样说过：“苹果公司不适合那些心脏承受能力不强的人。”但结果证明，乔不斯不是一般的成功，同时也说明，没有一家公司不付诸对工作的期待就能成功。

时间是这个世界上最公平的东西，它不会停止，也不会变快，当然也不会变慢。可同样的10年，对不同的人来说，变化是不一样的，甚至差别巨大。原因何在？在于你每天对工作的态度如何：你是对工作抱着懒散的态度，一天当半天过呢，还是对工作抱着期待的态度，一天当作两天过呢？

是否抱有期待感，是决定一个人成功与否的关键。

德国一家大公司的总经理史密斯就是一个每天对工作、对公司充满期待的人。

每天清晨6点，史密斯准时来到自己的办公室，先是读20分钟经营管理哲学的书籍，然后便思考、筹划本年度内必须完成的重要工作，以及所需要采取的措施和制度。接着，他开始考虑本周的工作，把本周需要做的事情一一列在黑板上。之后把这些考虑好的大大小小的事情，如更换某个职工的椅子，公司的大政方针和计划等等，与秘书一起商量一番，然后做出决定，由秘书具体操办。

史密斯对工作的这种期待和热忱，极大地提高了自己的工作效率，员工也倍受他这种情绪的感染和鼓舞，同时也促使了公司整体绩效的提高。

我们身边总有三种人，第一种是像乔布斯和史密斯这样的，每天对工作充满期待，把要做的每件事情都安排得井井有条，用兴奋、饱满的心态迎接第二天的到来，因此工作效率比平常人高出许多；第二种人是持相反态度的人，一想到第二天要上班，他们就会唉声叹气，仿佛工作是一项让他们身心备受煎熬的事情，而且工作起来敷衍了草，应付了事，工作效率和质量当然很低，这种人只对周末充满期待；第三种人看起来也激情满怀，他们“喜欢”工作，总是兴致勃勃地制定出一些计划表，要如何如何，可总是3分钟热度，“三天打鱼，两天晒网”，过不了几天就抛之脑后了，这种人自然也很难做出成绩来。

你属于哪一种人呢？如果心中有梦想，想要有卓越的成就，那我们应该以怎样的心态面对每一个工作日呢？要积极主动还是消极懈怠，相信你的心中已经有了明确的答案，你的选择决定了你工作的成绩。

期待吧，像乔布斯那样疯狂吧！对工作充满热忱充满期待的人，不论途中遇到多少艰难险阻，都会像世界旅业大王希尔顿一样：“就算一辈子洗马桶，也要做一名最出色的洗马桶的人。”这是一种工作态度，是一个满怀期待的人的选择。